"双证融通"试点配套教材

U0182745

普通铣削加工

主　编　张　伟　须　丽

副主编　蒋皓俊　周正贵

ZHEJIANG UNIVERSITY PRESS
浙江大学出版社

图书在版编目（CIP）数据

普通铣削加工 / 张伟，须丽主编. —杭州：浙江大学出版社，2020.4

ISBN 978-7-308-19992-6

Ⅰ. ①普… Ⅱ. ①张… ②须… Ⅲ. ①铣削－高等职业教育－教材 Ⅳ. ①TG54

中国版本图书馆 CIP 数据核字（2020）第 020891 号

普通铣削加工

主　编　张　伟　须　丽

副主编　蒋皓俊　周正贵

责任编辑	杜希武	
责任校对	陈静毅　洪　淼	
封面设计	刘依群	
出版发行	浙江大学出版社	
	（杭州市天目山路 148 号　邮政编码 310007）	
	（网址：http://www.zjupress.com）	
排　　版	杭州好友排版工作室	
印　　刷	杭州高腾印务有限公司	
开　　本	787mm×1092mm　1/16	
印　　张	10.75	
字　　数	268 千	
版 印 次	2020 年 4 月第 1 版　2020 年 4 月第 1 次印刷	
书　　号	ISBN 978-7-308-19992-6	
定　　价	49.00 元	

前　　言

本教材根据中等职业学校数控技术应用专业双证融通人才培养的标准与方案,结合编者在数控技术应用领域多年的教学改革和工程实践的经验编写而成。教材参照普通铣削加工的内容进行编制,学生通过学习可达到铣工初级的职业资格标准中的相关模块要求,具备中等复杂程度零件铣削的职业能力。

本教材以项目驱动、任务引领、实践导向为设计思路,结合双证融通专业标准的要求组织教材内容,全书图文并茂,增强教材对学生的吸引力,加深学生对普通铣削加工的认识与理解。

全书内容的组织遵循学生学习的认知规律,以铣工的技能提升为主线,包含加工准备、铣床操作、铣削平面、铣削沟槽、沟槽测量、铣削孔类零件、铣削齿轮、铣削离合器、铣销综合零件等八个项目。内容力求形成一个清晰的机械加工主线,既要符合人的认知规律,又必须为学生今后的工作奠定良好的知识基础。本教材所涉及的标准为最新国家标准。

本教材由上海市高级技工学校—上海工程技术大学高等职业技术学院张伟、须丽担任主编,张伟负责项目一、项目二、项目四、项目五、项目七,须丽负责项目三、项目六、项目八;上海市高级技工学校—上海工程技术大学高等职业技术学院蒋皓俊、周正贵担任副主编,分别负责全书插图和全书图纸;参加本书编写工作的还有上海市高级技工学校—上海工程技术大学高等职业技术学院唐益萍、何军等。

由于编者水平有限,在编写中难免有不妥和错误之处,真诚希望广大读者批评指正。

编　者

2018 年 10 月

目　　录

项目一　加工准备

项目导学

❖ 能掌握铣床的安全操作规程及所应具备的职业素养；

❖ 能掌握常用量具的选用与维护；

❖ 能了解铣削加工的常用材料及性能。

模块一　铣床安全操作规范

任务 1　铣削加工操作规程

任务目标

1. 掌握铣削加工的安全操作规程和文明生产知识；

2. 了解实训工场的日常行为规范；

3. 劳防用品的正确穿戴。

任务要求

1. 熟记并熟练掌握铣削安全操作规程；

2. 熟悉实训工场的环境及设备设施的分布情况。

知识链接

一、劳防用品的正确穿戴

1. 工作服要合身,工作服的穿着必须做到三紧,即领口要紧、袖口要紧和上衣的下摆要紧。

2. 工作帽的佩戴,一般情况下,进入实训工场不管男生还是女生都要求戴好工作帽,特别是女生,且必须把长发全部塞入帽内。

3. 防护眼镜的佩戴,要求操作正在加工的机床时必须佩戴防护眼镜。

4. 工作鞋的穿着,进入实训工场必须穿好符合要求的工作鞋,并规范穿着。

二、铣削加工的操作规程

1. 工作时应戴护目镜,工作服袖口要扎紧,女工发辫要盘入帽子内,严禁戴手套操作。清除铁屑时只允许用毛刷,禁止用嘴吹。

2. 工作台上禁止放置工量具和其他杂物。

3. 安装工夹件必须牢固可靠,装夹时应轻拿轻放,严禁在工作台面上随意敲打和校正工件。

    4. 在机床上装卸工件、刀具,紧固、调整、变速及测量工件,都必须停车后进行。

    5. 机床开动后,操作者必须思想集中,不准擅自离开工作岗位。

    6. 铣床运转时,严禁用手摸、擦拭刀具和机床的传动部位,出屑方向严禁站人。

    7. 操作机床时,手和身体应与旋转部件保持一定的距离。

    8. 严禁超负荷工作。正在进刀时,不准立即停车。

    9. 拆装立铣刀时,台面必须垫木板,禁止用手去托刀盘。

    10. 拆卸工件时,必须移开刀具后进行。

    11. 停电或发生故障时,要及时退回刀具,并切断电源。

三、操作机床前的准备工作

    1. 熟悉图纸,准备工件、刀具、工量具。

    2. 检查操作手柄、开关、旋钮是否在正确的位置,操纵是否灵活,安全装置是否齐全、可靠。

    3. 检查油标中的液面指示高度是否合适,并在规定部位加注润滑油。

    4. 铣削加工前必须进行空车低速运转 2～3 分钟,确认一切正常后,方可开始工作。

四、铣削加工的正常操作顺序及注意事项

    操作顺序:装夹工件——装夹铣刀——开机(检查)——铣削——停机——检测工件——关机。

    正常操作时的注意事项:

    1. 利用虎钳、工作台及压板、压板螺栓,将工件固定牢固。

    2. 装夹铣刀。装立铣刀时,要尽量选用短刀杆;装平铣刀时,尽量使铣刀靠近主轴,支架、刀杆装入后必须定位,并紧固螺栓。

    3. 合上电源,按下启动按钮,调整好机床,选择合理的进刀量进行铣削加工。

    4. 铣削过程中开启冷却泵,用乳化液进行润滑冷却。

    5. 加工完毕,退出刀具,按下调整按钮。

五、结束收尾工作

    将各操作手柄置于停机位置,切断电源,拆除工件、铣刀及夹具,收拾工器具,擦拭机床,清理场地。

实践活动

    1. 组织学生熟悉工场的布置及场地分布;

    2. 进行铣床操作活动,并熟悉机床。

思考与检查

    1. 默写铣削加工操作规程;

    2. 说出铣削加工过程中各阶段应注意的地方;

    3. 如何做好个人防护?

任务2　铣削加工的职业素养

任务目标

1. 养成良好的文明生产的习惯和职业素养；
2. 掌握铣削加工应具备的职业素养。

任务要求

1. 对应实训工场的机械加工安全操作规程，做好相应的文明生产；
2. 掌握铣削加工的职业素养。

知识链接

一、文明生产

现代工厂对文明生产都十分重视，因为它直接关系着产品的质量和企业的荣誉，因此在学习金切工艺及操作技能的同时，必须培养文明生产的习惯。

1. 正确组织工作位置，在工作位置内只能放置为完成本工序所需要的物品，如工件毛坯、制成品、工具箱等。与本工序无关的物品应放在离机床较远的固定位置。

2. 操作者对周围场地应保持整洁，做到无油水、垃圾。

3. 工具箱要保持整洁。各种工具应按其用途，有条不紊地放置。

4. 爱护图样、量具、工具和机床。要保持图样、工艺卡片的清洁和完整。使用量具要小心，不能随意撞击，使用后要擦净，涂防锈油并放置妥当。

5. 成批生产的零件要做到首件检验，防止发生成批报废。

6. 定期进行机床保养工作，使机床各结构完好，并定时检查机床的润滑系统。

7. 做好交接班工作，相互交接机床运转和加工情况记录。

二、安全生产

1. 未经允许不得动用任何机床。

2. 在机床上操作，严禁戴手套。

3. 切削铸铁等脆性材料时，应戴防护眼镜及口罩。

4. 不得在车间内奔跑或喊叫。

5. 机床所有外露的旋转部分如传动带、砂轮等均要安装妥防护罩。

6. 新砂轮使用之前要先将砂轮吊起，用木棒轻轻敲击听其声音，没有裂纹的砂轮发出的声音清脆；有裂纹的砂轮发出嘶哑声，应不能使用。平行砂轮一般用法兰盘安装，在法兰盘端面与砂轮之间要有厚的塑性材料制成的衬垫（如厚纸板）。磨削前，应经过 2min 的空运行试验。试车时，人不应站在砂轮正面。

7. 不要用手触摸或测量旋转的工件。

8. 不要用手直接去清除切屑，也不要在太靠近切削的地方进行观察。

9. 装卸虎钳或其他夹具及较重的工件时，不要一人单干，可用起重设备或请他人帮忙。要防止重物压伤或刀具锋利刃口割伤手指。

10. 不能随便乱动机床的电气装置。

11. 工作结束后关掉总电源及照明灯。

实践活动

1. 参与铣床设备的保养和维护等;
2. 实地感受工场的环境状况。

思考与检查

1. 熟读实训工场操作规程;
2. 说出实训工场的安全注意事项。

模块二 常用工量具运用

任务1 识读及维护常用量具

任务目标

1. 要掌握通用量具的识别;
2. 通用量具的具体测量方法及注意事项。

任务要求

1. 能熟练识读并运用常用量具;
2. 能掌握常用量具对零件进行测量。

安全规程

1. 量具的使用规范;
2. 量具的日常维护与保养。

知识链接

在生产实习操作中,为保证加工零件的尺寸精度和表面形状、位置精度,必须使用量具对零件进行测量。因此,要了解和掌握常用量具的正确使用方法。在机械工程图样上,所标注的尺寸,均以毫米(mm)为单位。

1 米(m)=1000 毫米(mm)

1 厘米(cm)=10 毫米(mm)

1 微米(μm)=0.001 毫米(mm)

一、铣削加工常用量具分类

1. 金属直尺

金属直尺一般用于精度不高的测量,测量的准确度只能达到 0.3～0.5mm,所以,一般用做长度测量。

常用的米制金属直尺的长度规格有 150mm、200mm、300mm、500mm 四种。

金属直尺测量时视线应与工件被测端表面相切。当视线歪斜时,则会产生读数误差。测量长度时,金属直尺不要歪斜;金属直尺歪斜时,也会产生读数误差。为此,测量时要放正金属直尺位置。

2. 游标卡尺

如图1-1。游标卡尺是一种比较精密的量具,它主要由尺身1和游标2组成,外量爪3用来测量工件的外径或长度,内量爪4用来测量内孔或槽的宽度,深度尺6用来测量工件的深度。测量时可锁紧螺钉5再读数。游标卡尺按读数值可分为0.1mm,0.05mm,0.02mm三个量级。

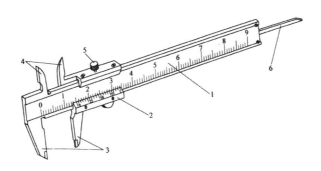

1-尺身　2-游标　3-外量爪　4-内量爪　5-螺钉　6-深度尺

图1-1

(1)游标卡尺的读数原理和读数方法

1)读数原理(以0.02mm游标卡尺为例,如图1-2)

尺身上每1格是1mm,副尺每50格刚好等于主尺上49格。游标上每一格=49÷50=0.98mm 尺身与游标每一格差=1−0.98=0.02mm(刻度值)

图1-2

2)读数步骤(如图1-3)

第一步:根据游标零线以左的尺身上的最近刻度读出整数;(10mm)

第二步:根据游标零线以右与主尺某一刻线对准的刻度数乘以刻度值读出小数;(7×0.02mm)

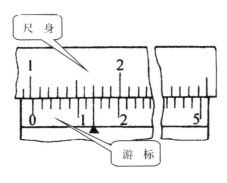

图1-3

第三步：将上面的整数和小数两部分相加，即为总尺寸。(10.14mm)

(2)测量方法

1)测量工件外形。使用游标卡尺测量时需注意掌握正确的测量姿势，测量外径，游标卡尺外量爪测量时要过工件中心。卡尺上下轻微摆动，边摆动拇指边施加测量力(以卡尺轻轻划出工件表面为准)，目光正视读出尺寸数值。如图 1-4。

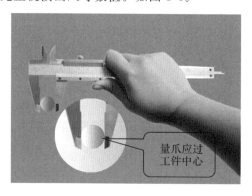

图 1-4

2)测量工件内形(孔径)。右手握卡尺以一量爪紧贴被测面，另一量爪拉至内径上下摆动，找出最小点后，目光正视读出尺寸数值。如图 1-5。

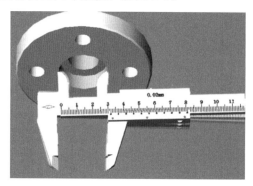

图 1-5

槽宽测量：测量方法与测量孔径相同。如图 1-6。

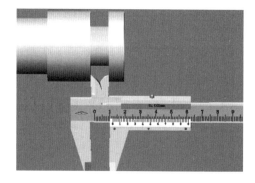

图 1-6

（3）测量工件深度（孔深）尺身端部平面靠在基准面上；慢拉动尺框，带动深度尺与工件底面相接触，测得工件深度。如图 1-7。

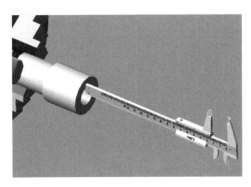

图 1-7

3．外径千分尺

千分尺是一种精密的量具，分度值一般为 0.01mm。按测量范围常用的规格有：0～25mm，25～50mm，50～75mm，75～100mm 等。

（1）千分尺的读数原理和读数方法

1）读数原理 千分尺的读数机构由固定套筒和活动套筒组成。固定套筒在轴线方向上刻有一条中线，中线的上、下各刻一排刻线，刻线每一格间距均为 1mm，上下刻线相互错开 0.5mm；在活动套筒左端圆周上有 50 等分的刻度线。

因测量螺杆的螺距是 0.5mm，即螺杆每转一周，轴向移动 0.5mm，故活动套筒上每一小格的读数值为 0.5÷50＝0.01(mm)。

2）读数方法（如图 1-8）

第一步：读出固定套筒上露出刻线的毫米数和半毫米数；（13.5mm）

第二步：读出固定套筒上小于 0.5mm 数。（27×0.01mm）

第三步：将上面两部分读数相加，即为总尺寸。（13.77mm）

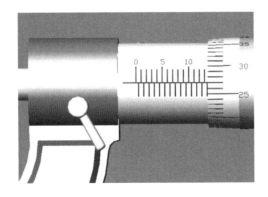

图 1-8

（2）测量方法

擦净工件的被测表面和尺的测量杆平面，左手握尺架右手转动活动套筒，使测量杆端面和被测工件表面接近。如图 1-9。

转动转帽测量杆端面和被测工件表面接触,直到棘轮打滑,发出响声为止,读出尺寸。

测量小直径工件的姿势:单手测量,千分尺的握法。测量时转动活动套筒的力要轻微。

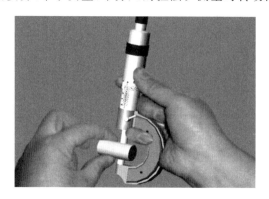

图 1-9

测量精密零件时,为了防止千分尺热变形,可将千分尺装在固定架上进行测量。测量较大直径工件的姿势:测量时千分尺需略作摆动,以测出工件的实际直径尺寸。

4. 百分表与内径百分表

(1)百分表

主要用于测量形状和位置误差,也可用于机床上安装工件时的精密找正。千分表分度值为 0.01mm。

1)钟面式百分表的使用(如图 1-10)

按测量范围,钟面式百分表有 0～3mm,0～5mm,0～10mm 三种。百分表通常安装在磁性表架上。百分表常用于检验工件的径向、端面跳动、不同轴度和不平行度等,多用作比较测量。测量时测量杆应垂直测量表面,使指针转动 $\frac{1}{4}$ 周,然后调整百分表的零位。

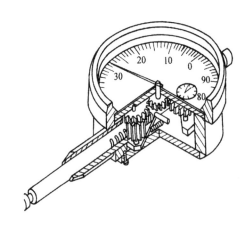

图 1-10

2)杠杆式百分表

杠杆式百分表主要有指针 4、表盘 5、表体 6、测量头 1、扳手 2、连接杆 3 组成。杠杆式百分表的分度值一般为 0.01mm。如图 1-11。

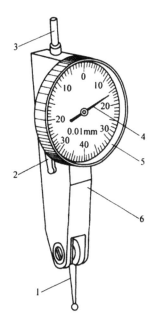

1-测量头　2-扳手　3-连接杆　4-指针　5-表盘　6-表体

图 1-11

杠杆式百分表使用比较方便,当需要改变测量方向时,可扳动扳手。图示为测量反向平面的方法。如图 1-12。

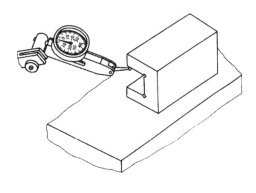

图 1-12

测量工件径向圆跳动和端面圆跳动的方法,其测量范围一般小于 1mm。如图 1-13。

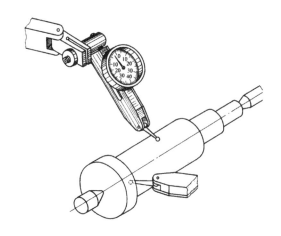

图 1-13

（2）内径百分表

内径百分表，用于以比较法测量圆柱形内孔尺寸及几何形状误差。内径百分表经一次调整后可测量基本尺寸相同的若干个孔而中途不需调整，在大批量生产中，对较深的孔，用内径百分表测量会很方便。如图 1-14。

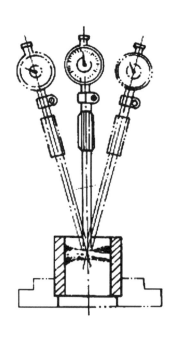

图 1-14

1）内径百分表传动原理

内径量表是将百分表装夹在测架上，触头通过摆动块、杆，将测量值一比一地传递给百分表。可换测头可根据孔径大小更换。测量力由弹簧产生。

2)内径百分表应用

①在测量杆上端孔内装入百分表头,使百分表测杆压缩 0.2~0.3mm 后锁紧。

②游标卡尺量出触头到可换测头之间的距离(被测工件公称尺寸加上 0.3~0.4mm)。锁紧垫圈。

③将内径百分表放在外径千分尺内,测量杆前后摆动 15°,找出顺时针最高点旋转表盘使内径量表指示值"零"重合。

④将已调整好的内径百分表测量杆伸到被测工件孔内,前后摆动幅度一般为 10°左右,使内径量表的测头与被测孔径垂直。

5. 其他常用的通用量具

(1)莫氏圆锥量规,用于测量标准的莫氏圆锥轴和孔。如图 1-15。

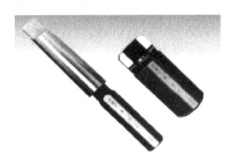

图 1-15

(2)万能角度尺,用于测量零件表面角度。

(3)内孔测量塞规,常用于有内孔零件的测量。

(4)刀口角尺,用于测量工件的垂直度。

(5)螺纹量规,包括螺纹塞规和螺纹环规,对螺纹进行综合性测量。

二、量具使用的注意事项及维护保养

1. 测量前应擦净被测工件表面及量具的测量接触面。

2. 测量时要注意被测工件的温度,一般在室温下进行。

3. 测量时量具测量接触面应尽量垂直或平行于被测表面。

4. 读数时目光应正视,并读出尺寸读数。

5. 必须待机床主轴停稳后才能进行测量。

6. 精密量具不准测量粗糙的表面。

7. 使用时要防止量具的跌落和碰撞。

8. 量具不要放在强磁场附近(如平面磨床的磁性工作台上),以免量具被磁化。

9. 量具不要与其他工具放在一起,应单独放在盒内,不用时应擦净,在测量面上涂防锈油。

实践活动

1. 游标卡尺的测量练习;

2. 千分尺的测量练习;

3. 百分表的安装与使用练习；

4. 量具的维护与保养常识。

职业常识

1. 量具的维护与保养常识；

2. 常用量具的使用规范。

思考与检查

1. 使用金属直尺测量时视线应与工件被测端表面_____。当_____，则会产生读数误差。

2. 游标卡尺按读数值可分为_____、_____、_____三个量级。

3. 千分尺,分度值一般为_____。

4. 写出游标卡尺的读数原理。

5. 千分尺进行测量时,转动转帽使_____和被测工件表面接触,直到_____打滑、发出响声为止,读出尺寸。

6. 百分表分为_____和_____两种。

7. 百分表常用于检验工件的_____、_____跳动、不同轴度和不平行度等,多用作比较测量。

8. 内径百分表又称内径表,用于以_____测量圆柱形_____尺寸及几何形状误差。

9. 简述量具使用的注意事项及维护保养。

任务 2　熟悉铣削加工的常用工具

任务目标

1. 了解机用平口钳的使用场合及类型；

2. 掌握机用平口钳的安装和固定钳口的校正；

3. 了解工件在机用平口钳上的装夹方法；

4. 了解分度头、回转工作台的用途和结构；

5. 会使用分度头、回转工作台；

6. 会简单的分度计算。

任务要求

1. 能正确安装并校正平口虎钳；

2. 能正确安装分度头并使用；

3. 能正确安装回转台。

安全规程

1. 安装虎钳的注意事项；

2. 安装分度头注意事项；

3. 安装回转台注意事项。

知识链接

一、铣削加工常用夹具

1. 机用平口钳的应用及类型

机用平口钳主要用于在铣床、刨床、磨床和钻床等机床工作台上装夹矩形截面的中、小型工件。如图 1-16，(a)为铣削、(b)为刨削、(c)为磨削、(d)为钻削。

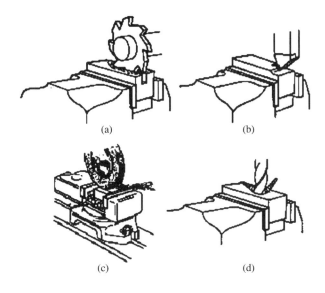

图 1-16

机用平口钳可分为以下三种类型。

(1)固定式机用平口钳。安装后其在机床工作台上的位置是固定不变的。如图 1-17。

(2)回转式机用平口钳。钳身可以绕底座中心轴回转 360°。如图 1-18。

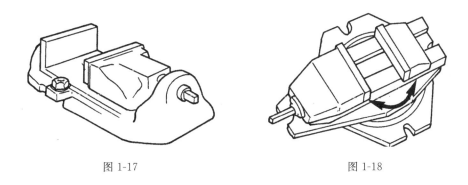

图 1-17   图 1-18

(3)万能转台式机用平口钳。钳身除了可以绕底座中心轴回转 360°外,还可在一定范围内绕水平轴线回转。如图 1-19。

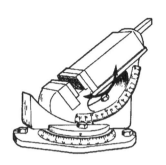

图 1-19

2. 机用平口钳的安装和固定钳口的校正

(1)机用平口钳的安装

在机用平口钳的底面上一般都有两条互相垂直的键槽,键槽的两端可装上两个定位键。

1)钳口与工作台纵向垂直。把定位键装在与钳口垂直的键槽内,并嵌入工作台的 T 形槽中。如图 1-20。

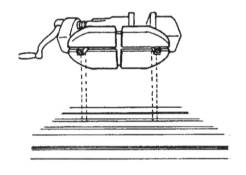

图 1-20

2)钳口与工作台纵向平行。把定位键装在与钳口平行的键槽内,并嵌入工作台的 T 形槽中。如图 1-21。

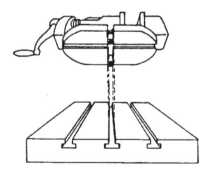

图 1-21

（2）固定钳口的校正

1）用划针校正机用平口钳。固定钳口与铣床主轴轴心线垂直。如图1-22。

图 1-22

2）用直角尺校正机用平口钳。固定钳口与铣床主轴轴心线平行。如图1-23。

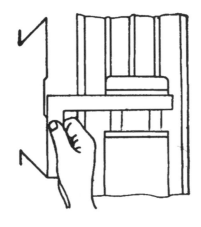

图 1-23

3）用百分表校正机用平口钳。固定钳口与铣床主轴轴心线垂直或平行。如图1-24。

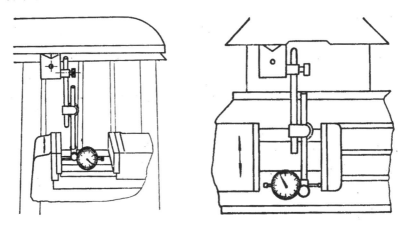

图 1-24

4)若要求钳口与工作台纵向成一角度 α,对于回转式机用平口钳可利用底盘刻度来获得所需的角度;对于固定式机用平口钳,可使用万能角尺来找正。直角尺调整的角度 β(β=180°−α)。如图 1-25。

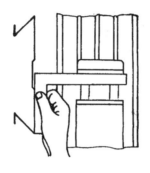

图 1-25

二、分度头

分度头是铣床的主要附件之一,其中万能分度头使用得最为普遍。一些机械零件,如花键、离合器、齿轮等在铣削时,需要利用分度头进行圆周分度,才能铣出等分的齿槽或平面。如图 1-26。

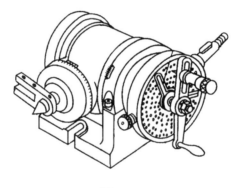

图 1-26

1. 万能分度头型号和功用

常用的万能分度头的型号有 F1180,F11100,F11125,F11160 等。它们的外形结构基本相同,传动原理也一样。现以 F11125 万能分度头为例,它的代号表示方法如图 1-27。

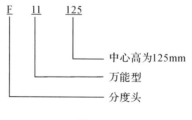

```
F    11   125
              中心高为125mm
         万能型
    分度头
```

图 1-27

其主要功用有:能将工件作任意圆周等分或作直线移距分度;可把工件轴线装置成水

平、垂直或倾斜的位置;通过交换齿轮,可使分度头与工作台的作连续旋转进给运动,以铣削螺旋面和回转面。

2. 分度头结构和传动系统

F11125 型分度头外部结构和传动系统如图 1-28 所示,其中分度叉角度的开合大小,可按分度手柄所需转过的孔距数予以调整并固定,分度叉之间包含的孔数比计算的孔距数多一孔。主轴锁紧手柄在分度结束后予以锁紧主轴,在分度时和铣螺旋槽或作主轴挂轮法的直线移距分度时,必须予以松开。蜗杆脱落手柄可使蜗杆与蜗轮脱开或啮合,并作调节蜗轮蜗杆啮合间隙用。

转动分度手柄时,通过一对传动比为 1:1 的直齿圆柱齿轮及一对传动比为 1:40 的圆柱蜗杆蜗轮使主轴旋转。此外,右侧还有一根安装交换齿轮用的交换齿轮轴,它通过一对 1:1 的交错轴斜齿轮和空套在分度手柄轴上的孔盘相联系。

3. 分度盘及分度叉的拆卸与调整

(1)分度盘的拆卸。F11125 型万能分度头备有两块分度盘,正反面圆周上有均布的孔圈。使用时根据不同的分度进行调整。如图 1-28。

1)松开分度头手柄,紧固螺母 5、垫圈 4,取下分度手柄 7。

2)卸下弹簧片 3 和分度叉 2。

3)松开四只分度盘紧固螺钉 6。

4)松开分度盘紧固螺钉 8。

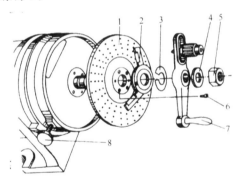

1—分度盘;2—分度叉;3—弹簧片;4—垫圈;5—螺母;6—紧固螺钉;7—分度手柄;8—紧固螺钉。

图 1-28

5)将两只分度盘紧固螺钉 6,旋入分度盘 1 的螺钉中,双手用手指捏住螺钉,均匀用力将分度盘 1 拉出。

(2)分度叉的调整(如图 1-29)。

1)转动弹簧片,找出分度叉紧固螺钉 3。

2)松开分度叉两只紧固螺钉 3。

3)将分度定位销插入选定的孔圈中的任意孔中。

4)将叉脚 1 紧贴分度定位销。如分度手柄要转过 5 个孔距,则顺时针方向数过 5 个孔距,并将叉脚 2 靠着 5 个孔距处。

5)紧固分度叉,紧固螺钉。

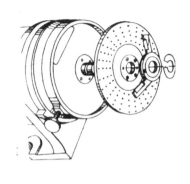

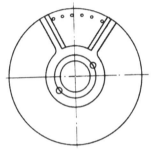

图 1-29

4. 分度头的安装与校正

（1）用三爪自定心卡盘夹持圆棒校正

将分度头安放在工作台 T 形槽中，用 T 形螺钉压紧。在三爪自定心卡盘上夹持标准心轴，校正外圆的径向圆跳动；校正圆棒上素线使之与工作台台面平行。如图 1-30。

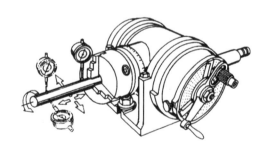

图 1-30

（2）校正分度头及尾座

将标准心轴安装在两顶尖之间，校正其上素线与工作台台面及其侧素线与纵向工作台进给方向的平行度，误差要符合要求。如图 1-31。

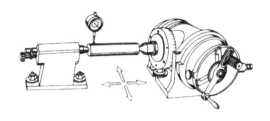

图 1-31

5．分度头的使用场合

一般轴类零件或直径较小的盘类零件的分度铣削用分度头。图 1-32 为在分度头上用圆柱铣刀铣六角柱体。

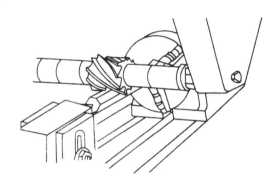

图 1-32

在分度头上用立铣刀铣四面方螺钉。如图 1-33。

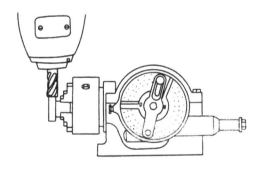

图 1-33

三、回转工作台

回转工作台主要用来进行回转加工曲面，也可用于分度。它的规格是以转台的直径来定的：有 500mm，400mm，320mm，200mm 等规格。

1．回转工作台的结构

由接头 4 通过传动轴与机床传动部分相连即可由机床带动实现自动旋转。手柄 5 用来变换自动进给时转台的转向。扳动杆6可使手柄3与转盘的运动联结或脱开。当脱开时，手柄3只能空转。拧紧手柄7,转台即可固定不动。如图1-34。

在回转工作台的转台中央有一孔,可以利用它方便地确定工件的回转中心。

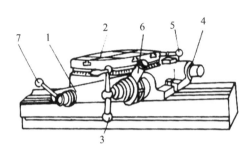

图 1-34

2. 在回转工作台上装夹工件

(1)在主轴孔内,装一定位用的试棒。

(2)清洁工作台台面和回转工作台的中心孔,并将回转工作台安装并夹紧在工作台台面上。如图1-35。

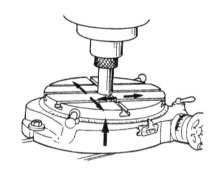

图 1-35

(3)手动调整工作台垂直、横向和纵向进给手柄,使试棒能在回转工作台中心孔内自由滑动。如图1-36。

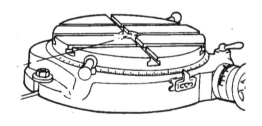

图 1-36

(4)调整纵向和横向刻度至零位。

(5)若无试棒,可在回转工作台的中心孔内放一校准心轴,把百分表安装在主轴上,并使百分表触杆与心轴外圆接触。用手转动主轴，同时调整回转工作台位置，使百分表读数均为零。

(6)安装工件时，先选择一对合适的平垫块来支承工件。若工件上没有孔，可在其上面划出十字中心线，用压板或 T 形螺栓将工件稍稍夹紧在回转工作台的台面上。在主轴里插一顶尖，调整工件位置，使顶尖和工件上的十字中心线相接触。

(7)若工件上已有孔，可先车一个分别与工件孔和回转工作台中心孔配合的定位销，并插入到回转工作台的中心孔中，将工件套入后夹紧。在加工时，定位销可留在孔内。

3. 简单分度法

简单分度法是以工件等分数 z 作为计算依据。分度时，孔盘固定，转动分度手柄，通过蜗杆蜗轮等传动副，使工件转过所需的转数。

(1)万能分度头的简单分度法

根据蜗杆蜗轮的传动比是 1：40(即定数为 40)的数值，与工件等分数 z 的比值，其计算公式为：

$$n = \frac{40}{z}$$

式中：n——每等分一次分度手柄应转过的转数；

　　　z——工件的圆周等分数。

有关参数如表 1-1 所示。

表 1-1　分度计算中的有关参数

所带孔盘数	孔盘上各孔圈的孔数			分度头定数	交换齿轮齿数
1	正面	24、25、28、30、34、37、38、39、41、42、43		40	20、25、30、35、40、50、55、60、70、80、90、100
	反面	46、47、49、51、53、54、57、58、59、62、66			
2	第一块	正面	24、25、28、30、34、37		
		反面	38、39、41、42、43		
	第二块	正面	46、47、49、51、53、54		
		反面	57、58、59、62、66		

【例 1】　在 F11125 型分度头上，用一把铣刀加工正六边形的工件，用分度头进行分度，求每铣一面后分度手柄应摇的转数。

【解】　$n = \dfrac{40}{z} = \dfrac{40}{6} = 6\ \dfrac{4}{6} = 6\ \dfrac{44}{66}$(转)

分度手柄在 66 的孔圈上，每次摇 6 转又 44 个孔距，分度叉之间包含 45 个孔。

(2)回转工作台的简单分度法

由于回转工作台的蜗杆蜗轮的传动比有 1：90 和 1：120，故定数有 90 和 120 两种。分度时按定数不同有：

$$n = \frac{90}{z} \text{ 或 } n = \frac{120}{z}$$

【例 2】　在传动比为 1：120 的回转工作台上，铣削正八边形的工件。求手柄每次应摇的转数。

【解】 $n = \dfrac{120}{z} = \dfrac{120}{8} = 15$（转）

即手柄在任意一圈的孔圈上,每次摇 15 转。

四、工件在机用平口钳上的装夹及注意事项

1. 毛坯件的装夹。毛坯件装夹时,应选择一个平整的毛坯面作为粗基准,靠向机用平口钳的固定钳口。装夹工件时,在钳口铁平面和工件毛坯面间垫铜皮。工件装夹后,用划线针盘校正毛坯的上平面,使之基本上与工作台面平行。

2. 已经粗加工表面的装夹。在装夹已经粗加工的工件时,应选择一个粗加工表面作为基准,将这个基准面靠向机用平口钳的固定钳口。

3. 为防止铣刀切到钳口,请选择适当厚度的平垫铁垫在工件下面,使工件的加工面高出钳口。为使工件能紧密地靠在支承垫铁上,稍加夹紧后可先用铜锤或木槌轻轻敲击工件,使它紧贴在垫铁上,再用力夹紧工件。

4. 尽量使固定钳口与切削力方向相对。若工件的两对面不平行,易造成装夹不稳固。可在活动钳口的中间处夹一圆棒或窄长铜皮。

实践活动

1. 完成平口虎钳的安装与校正;

2. 完成分度头的安装与校正;

3. 完成回转台的安装与校正。

思考与检查

1. 机用平口钳的主要用途是什么?

2. 机用平口钳可分为_____ 、_____ 、_____三种类型。

3. 固定钳口的校正方法有几种?

4. 若要求钳口与工作台纵向成一角度 α,对于回转式机用平口钳可利用_____来获得所需的角度;对于固定式机用平口钳,可使用_____ 找正。

5. 在装夹已经粗加工的工件时,应选择一个_____ 表面作为基准,将这个基准面靠向机用平口钳的_____钳口。

6. 工件在机用平口钳上装夹时的注意事项有什么?

任务评价

完成下列操作:

1. 掌握机用平口钳的安装方法;

2. 掌握机用平口钳的校正方法;

3. 掌握工件在机用平口钳上的安装方法。

机用平口钳练习评分表如表 1-2 所示。

表 1-2　机用平口钳练习评分

项次	考核要求	项目	配分	检验与考核记录	扣分	得分
1	机用平口钳的安装	安装正确	15			
2		动作规范	10			
3	机用平口钳的校正	正确到位	15			
4		动作规范	10			
5	工件的安装	正确到位	15			
6		动作规范	15			
7	安全	文明操作情况	20			

模块三　铣削加工的常用材料

任务 1　熟悉零件材料的牌号、性能及使用场合

任务目标

1. 了解金属材料的物理性能和力学性能；
2. 了解常用有色金属的种类、牌号；
3. 熟悉合金钢的种类、牌号及力学性能；
4. 掌握铸铁的种类、牌号及力学性能；
5. 掌握碳素钢的种类、牌号及力学性能。

任务要求

1. 掌握金属材料和热处理性能的知识；
2. 了解金属材料的种类、牌号及力学性能。

知识链接

一、金属材料的基本性能

1. 物理性能和化学性能

金属材料的物理性能包括密度、熔点、导电性、导热性、热膨胀性和磁性，化学性能包括耐腐蚀性和抗氧化性等。

（1）密度。密度的单位是克/厘米^3。体积相同的金属材料，密度越大，重量也越大。生产中要计算所用材料的重量时，可以先算出它的体积，再乘以它的密度，就可求出它的重量。几种常见金属材料的密度见表 1-3。

根据密度的大小，金属材料分为轻金属和重金属。密度大于 5 克/厘米^{3}的叫重金属，如钢、铁等。密度小于 5 克/厘米^{3}的叫轻金属，如铝、镁、钛等。

表 1-3　几种常见金属材料的密度

材料名称	密度/(克·厘米⁻³)	材料名称	密度/(克·厘米⁻³)
铁	7.85	灰铸铁	6.8～7.4
铜	8.9	碳钢	7.85
铝	2.7	铁钢	7.8
锡	7.3	黄铜	8.85
铅	11.3	锡青铜	8.8
金	19.3	铝青铜	7.8

密度/(克·厘米$^{-3}$)

(2)熔点。金属材料从固体熔化为液体时的温度叫作熔点,用摄氏温度(℃)表示,具体数值见表 1-4。

表 1-4　常用金属材料的熔点

材料名称	熔点/℃	材料名称	熔点/℃
铁	1538	钨	3410
铜	1083	铸铁	1200
铝	658	铸钢	1425
锡	232	黄铜	950
铝	2622	青铜	875～900

熔点对于热加工工艺,例如铸造、焊接等都很重要。如果熔点低,就可以大大改善铸造和焊接工艺,使铸造和焊接都较容易进行。低熔点的金属材料可以用来做保险丝、防火安全阀和焊锡;而高熔点材料可以制造要求耐高温的零件,广泛用于火箭、导弹、燃气轮机、喷气飞机等领域。一般将熔点低于230℃的合金叫易熔金合,而高于1800℃的合金叫难熔金合。

(3)导电性。金属材料传导电流的性能叫作导电性。所有的金属材料都具有导电性,其中银的导电性最好,其次是铜和铝。如果银的导电能力为1,那么铜为0.95,铝为0.61。银的价格高,所以常常用铜和铝作为导电材料。合金的导电性比纯金属低,因此制造导线应尽量用纯铜和纯铝,而制造电阻元件时应尽量用电阻大的合金,如康铜、锰铜及镍铬合金等高电阻合金,导电能力只有铜的三十分之一,广泛用于制造仪表零件及电炉加热元件等。

(4)导热性。金属材料在加热或冷却时传导热能的性能叫导热性。金属材料一般都具有导热性,其中银的导热性最好,其次是铜和铝。如果银的导热能力为1,那么铜为0.9,铝为0.5,而铁只有0.15,合金钢的导热能力很小。金属材料在加热时,导热能力大的可以快速加热,而导热能力小的要缓慢加热。

(5)热膨胀性。金属材料加热时体积增大,冷却时体积缩小的性能叫作热膨胀性。生产中常常利用这种性能来进行设备的安装和加工,凡是图纸上标有热装的部件,就是要将其中指明的一个零件加热,使它胀大,再将另一个零件装入,等冷却后这两个零件就会牢牢地紧固在一起。而一些精密的测量工具,像千分尺、规块等,为了保持高度的准确性,就要用热膨胀性很小的金属材料来制造。

(6)磁性。金属材料导磁的性能叫作磁性。具有导磁能力的金属材料,都能被磁铁所吸引。磁性较高的金属,如铁、镍、钴等,叫作磁性金属,而铜、铝等金属不能被磁铁所吸引,所以不是磁性金属。

(7)耐腐蚀性。金属材料抵抗空气、水蒸气、酸、碱等介质腐蚀的能力叫作耐腐蚀性。钢铁材料生锈就是腐蚀现象。通过改变金属材料的成分,如在钢中加入大量的铬、镍而成为不锈钢,可以大大提高耐腐蚀能力。还可以用发黑处理、涂漆等方法来提高金属材料的耐腐蚀能力。

(8)抗氧化性。金属材料在高温下抵抗氧化的能力叫抗氧化性。工业用的锅炉、汽轮机、喷汽发动机、火箭、导弹等,都是在高温下工作,因此需要一定抗氧化性,否则表面很快被氧化剥落。

2. 机械性能

所有的机器零件、工程结构件和工具,在工作时都会受到各种复杂的外力作用,使零件、构件或工具不同程度地产生变形或者断裂。金属材料在外力作用下抵抗变形或破坏的能力叫机械性能。常用的机械性能有强度、塑性、硬度、冲击韧性以及疲劳强度等。金属材料的机械性能各种数据是通过专门的试验来获得的。最常用的是静拉伸试验、硬度试验和冲击试验等。金属材料的机械性能,既是机械制造合理选用和正确评价材料的主要依据,又是制订热处理和冷加工工艺以提高或改变材料性能的主要依据。

(1)强度。金属材料在外力作用下抵抗变形和断裂的能力叫强度。根据外力的不同,有抗拉强度、抗压强度、抗扭强度和抗弯强度等,但应用最广的是屈服强度和抗拉强度。

1)屈服强度。当外力达到一定程度,拉力虽然没有增加,但试样好像屈服于外力而自行伸长,这种现象称为屈服现象。在拉伸曲线上的 S 点称为"屈服点"。材料的屈服强度 σ_s 可用下式求出:

$$\sigma_S = \frac{P_S}{F_0}$$

式中:P_S——屈服点 S 处的拉力,N;

F_0——试样原始截面积,m^2。

屈服强度表示金属材料对微量塑性变形的抗力。σ_S 越大,材料抵抗塑性变形的能力越大。

2)抗拉强度 σ_b。金属材料能够承受最大载荷的能力,叫作抗拉强度,用 σ_b 表示。金属材料的抗拉强度 σ_b 越大,表示该材料抵抗断裂的能力越大。

$$\sigma_b = \frac{P_b}{F_0}$$

式中:P_b——试样拉断前的最大拉力,N;

F_0——试样原始截面积,m^2。

(2)塑性。金属材料在受力破坏前承受最大塑性变形的能力叫做塑性。

1)延伸率 δ。拉伸试样被拉断之后,它的长度增加部分与原来长度之比叫作延伸率,即:

$$\delta = \frac{L - L_0}{L_0} \times 100\%$$

式中:L_0——试样原来计算长度;

L——试样断裂后长度。

2）断面收缩率 ψ。拉伸试样被拉断之后，拉断处的截面积与原始截面积之比叫断面收缩率，即

$$\psi = \frac{F_0 - F}{F_0} \times 100\%$$

式中：F_0——试样原来的截面积；

F——试样断裂处的截面积。

延伸率 δ 和断面收缩率 ψ 越大，说明材料的塑性越好。

（3）硬度。金属材料的表面抵抗其他更硬物体压入的能力叫作硬度，它反映了材料表面的软硬程度。材料的硬度数值在一定程度上反映出材料的耐磨性、强度和其他性能。硬度试验设备简单，操作迅速方便，又是非破坏性的试验，可作产品或成品的性能检验。因此硬度数值是热处理工件质量检验的主要指标，也是生产中最常用的机械性能试验方法。

材料硬度的测定，必须具备两个条件：压头，即一个标准物体，用它压入被测材料的表面；载荷，即加在压头上的压力。

如果压头相同，载荷相同，压痕越大或越深，那么被测材料的硬度越低。

测定硬度的常用方法有布氏硬度法和洛氏硬度法。

1）布氏硬度 HB。布氏硬度试验的方法是用一个标准淬硬钢球在一定的载荷作用下压入被测金属的表面，根据钢球在被测金属表面上留下的压痕面积大小，决定材料的硬度，如图 1-37。压痕面积小表示被测金属硬度高。

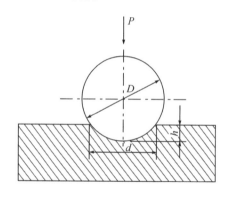

图 1-37

布氏硬度试验一般用于原材料或经热处理（退火、正火等）后硬度不高的半成品的硬度测量。

2）洛氏硬度 HRC。当不宜用布氏硬度法测定硬度时，常采用洛氏硬度法来测定。洛氏硬度测定原理和布氏硬度相似，都是压入法。所不同的是，它不是测量压痕的大小，而是用测量压痕深度来表示硬度值。

洛氏硬度试验时采用的压头有两种：顶角为 120° 的金刚石圆锥；直径为 1.588mm 的淬硬钢球。

测定时加在压头上的载荷有三种：60，100 和 150 公斤力。洛氏硬度试验机上用 A、B、C 三种标尺分别代表这三种载荷值，测得的硬度相应用 HRA，HRB，HRC 表示。压入深度的

高低表示硬度的高低,深度越深,硬度越低,反之就越高。

洛氏硬度与布氏硬度的关系是:同一材料的 HRC 值大约是 HB 值的十分之一。

(4)冲击韧性。金属材料抵抗冲击载荷的能力叫冲击韧性。测定冲击韧性最常用的方法是一次摆锤弯曲冲击试验,如图 1-38。

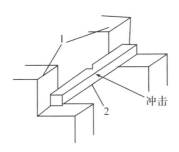

1-冲击方向　2-试样

图 1-38

(5)疲劳强度。有很多机械零件,虽然载荷小于屈服强度,但经过长时间的重复交变作用也会发生断裂,这种现象叫金属的疲劳。如各种发动机曲轴、齿轮、滚动轴承等,通常都是疲劳破坏而失效的。金属材料抵抗疲劳破坏的能力叫疲劳强度。

3. 金属材料的工艺性能

金属材料的工艺性能是指材料加工成机械零件的难易程度,包括铸造性能、压力加工性能、焊接性能和切削性能。

(1)铸造性能。金属材料在铸造生产中所表现的工艺性能叫作铸造性能,它和材料的流动性、收缩率、偏析及吸气性等有关。

流动性是指液态金属充满铸型的能力。流动性主要受化学成分和浇注温度的影响。材料的流动性好,容易浇铸出薄壁复杂的铸件;流动性不好,铸件容易产生浇不足、气孔等缺陷。

液体金属浇注后直到凝固冷却,它的体积必定要收缩,收缩的大小用收缩率来表示。收缩率大的金属材料浇铸铸件后容易产生缩孔、疏松、变形和裂纹等缺陷。

金属材料的化学性能在偏析严重时会大大降低。

吸气性是指液态金属从型砂或空气中吸收气体的能力,吸气性大,铸件容易产生气孔等缺陷。

(2)压力加工性能。压力加工性能是指材料接受压力加工的能力,包括锻造性能和冲压性能。

1)锻造性能。材料承受锻打而不被破坏的能力,叫作锻造性能,也叫可锻性。它实际上是塑性好坏的一种表现。塑性越好,变形抗力就越小,可锻性也就越好。金属材料的可锻性取决于金属的化学成分、组织、变形温度等因素。金属中化学成分的纯度越高,碳和合金的含量越小,它的可锻性就越好。

金属的组织结构均匀一致,例如化学成分均匀,杂质和非金属夹杂物分布均匀,晶粒大小一致等,能增加金属的可锻性。

金属加热温度越高,塑性越好,变形抗力越小,因此可锻性越好。但加热温度过高时,容易产生过烧,使金属失去塑性,因此无法锻造。碳钢在 950～1250℃锻造,它的塑性最好。

2)冲压性能。冲压性能包括弯曲性能和拉伸性能。材料在常温下能承受弯曲而不破裂的能力,叫作弯曲性能。材料的弯曲角越大,弯曲直径越小,材料的冷弯性能也就越好。材料承受拉伸而不断裂的能力,叫作拉伸性能。许多日用品和工业品都是靠冲压拉伸制成的。材料被拉伸的深度越大,它的拉伸性能越好。

(3)焊接性能。金属材料的焊接性能是指焊接后能获得符合要求的焊接接头的性能,又叫可焊性。碳钢中的含碳量越少,越容易焊接。因为含碳量越低,导热性越好,焊接时产生裂缝的倾向小,不需要经过退火来消除焊接时所产生的内应力。所以碳钢中含碳量越少,可焊性越好。

合金钢中合金成分越多,越不容易焊接。所以合金钢的可焊性比碳素钢差。高合金钢在焊接前要进行预热,焊接后还要进行消除应力的退火。

(4)切削性能。切削性能是指材料进行切削加工的难易程度。金属材料被切削加工时,若刀具的使用寿命长,切削用量大,表面粗糙好,则说明该材料的切削性能好。实践证明,材料的硬度在 HB160～230 之间,具有比较好的切削性能,因为硬度和切削性能有很大的关系,材料太硬不易切削,而材料太软也会给切削加工造成困难,不仅容易粘刀,而且切削后的表面粗糙度也较高。所以较硬的材料在切削加工前要进行退火处理使硬度降低,而低碳钢的锻件在切削加工前进行正火处理使硬度提高,都是为了改善切削加工性能。

机械工程上用的零件绝大多数由金属材料制成,一般都要经过铸造、锻造、焊接、切削加工和热处理等多种加工工序,因此在选择材料时,应该详细地了解材料的工艺性能。

金属材料在加工过程中,还可以通过改变工艺规范,调整工艺参数,改进刀具、设备,变更热处理方法等途径来改善材料的工艺性能。

二、碳素钢的种类、牌号和力学性能

碳素钢,简称钢,是含碳量小于 2% 的铁碳合金。碳钢中除了铁、碳之外,还有少量的硫、磷、硅、锰等杂质。碳钢冶炼工艺简单,价格低廉,加工容易,具有一定的机械性能和工艺性能,在机械制造工业中应用非常广泛。

按碳的质量分数分为低碳钢(含碳量<0.25%)、中碳钢(0.25%<含碳量<0.60%)、高碳钢(含碳量>0.60%)。按钢中有害杂质元素硫、磷的质量分数分为普通碳素结构钢、优质碳素结构钢、碳素工具钢、铸造碳钢。

1. 普通碳素结构钢

碳素结构钢表示方法由 Q(屈服点"屈"字的汉语拼音字首)、屈服极限数值、质量等级符号及脱氧方法符号四部分组成。A、B、C、D 表示质量等级。例如 Q235AF,即表示屈服点为 235N/mm² 、A 等级质量、沸腾钢(F)。常用的有 Q235 等。

2. 优质碳素结构钢

优质碳素结构钢用两位数字表示。例如 45 钢,表示平均含碳量为 0.45%。15,20,25 钢强度较低,塑性和韧性较高,可以制造各种受力不大、要求高韧性的零件。30,35,40,45, 50,55 钢经淬火和高温回火后,具有良好的综合力学性能,主要用于要求强度、塑性和韧性都较高的机械零件,如轴类零件,其中以 45 钢较为突出。65 钢属于弹簧钢,主要用于制造弹簧等弹性零件及耐磨零件。

3. 碳素工具钢

碳素工具钢以"T"表示。碳素工具钢分优质和高级优质两类,高级优质钢在数字后面加"A"字,例如 T8A 钢,表示平均含碳量为 0.8% 的高级优质碳素工具钢。

4. 铸造碳钢

铸造碳钢一般用于制造形状复杂、机械性能要求比铸铁高的零件,例如水压机横梁、轧钢机机架、重载大齿轮等。用"ZG"代表铸钢,例如 ZG200—400,表示屈服强度 $\sigma_s \geq 200$ N/mm^2,抗拉强度 $\sigma_b \geq 400$N/mm 的铸造碳钢件。

三、合金钢的种类、牌号和力学性能

合金钢按碳的质量分数分为低合金钢(含碳量<0.5%)、中合金钢(0.5%<含碳量<1%)、高合金钢(含碳量>1%);按钢中合金元素分为锰钢、铬钢、硼钢、铬镍钢、铬锰钢等;按用途分为低合金高强度结构钢、合金结构钢、滚动轴承钢、合金工具钢、合金渗碳钢、特殊性能钢。

1. 低合金高强度结构钢

例如 Q390A,表示屈服强度 $\sigma_s = 390$ N/mm^2,质量等级 A 的低合金高强度结构钢。以 Q345 钢应用最广,如长江大桥、汽车大梁。

2. 合金结构钢

用于制造重要零件,如机床主轴,汽车底盘半轴、连杆螺栓。例如 40Cr,其含碳量 = 0.4%,平均含铬量<1.5%。如果是高级优质钢,则在牌号的末尾加"A",例如 38CrMoAlA 钢,则属于高级优质合金结构钢。

3. 滚动轴承钢

滚动轴承钢都是高级优质钢,牌号后不加"A"。例如 GCr15 钢,就是平均含铬量 = 1.5% 的滚动轴承钢。

4. 合金工具钢

合金工具钢用于制造切削工具,如车刀、铣刀、钻头等;高速钢用于制造高速切削工具,具有较高的硬性。例如 Cr12MoV 钢,其平均碳的质量分数为 1.45%<含碳量<1.70%,≥1% 不标出;Cr 的平均质量分数为 12%,Mo 和 V 的质量分数都小于 1.5%。又如 9SiCr 钢,其平均含碳量 = 0.9%,平均含铬量<1.5%。因合金工具钢及高速工具钢都是高级优质钢,牌号后面也不必再标"A"。

5. 合金渗碳钢

制作承受动载荷和重载荷的汽车变速箱齿轮、汽车后桥齿轮和内燃机里的凸轮轴、活塞销等。例如 20CrMnTi 用来制造工作中承受较强烈的冲击作用和磨损条件下的渗碳零件。

6. 特殊性能钢

特殊性能钢是指具有特殊的物理、化学性能的钢。种类较多,常用的特殊性能钢有不锈钢、耐热钢和耐磨钢。

(1)不锈钢。在腐蚀性介质中具有抗腐蚀能力的钢,一般称为不锈钢。平均铬的质量分数为含铬量≥13%。常用不锈钢有 1Cr18Ni9,1Cr13,1Cr17 等。

(2)耐热钢。耐热钢是抗氧化钢和热强钢的总称。钢的耐热性包括高温抗氧化性和高温强度两方面的综合性能。高温抗氧化性是指钢在高温下对氧化作用的抗力;而高温强度

是指钢在高温下承受机械载荷的能力,即热强性。

(3)耐磨钢。耐磨钢是指在冲击和磨损条件下使用的高锰钢。如 2GMn13-1 高锰钢极易冷变形强化,使切削加工困难,故基本上是铸造成形后使用。

四、铸铁的种类、牌号及力学性能

铸铁是碳的质量分数≥2.11%的铁碳合金,合金中含有较多的硅、锰等元素。铸铁具有优良的铸造性能、切削加工性、减摩性与消振性和低的缺口敏感性,熔炼铸铁的工艺与设备简单、成本低,因此铸铁在机械制造中得到了广泛应用。铸铁分为:灰铸铁、球墨铸铁、可锻铸铁、蠕墨铸铁。

1. 灰铸铁

灰铸铁以 HT 表示"灰铁"二字的汉语拼音的字首,后面三位数字表示最小抗拉强度值,如 HT150、HT200。它用来制造机器底座、箱体、端盖阀体、管道附件、床身、缸体。

2. 球墨铸铁

球墨铸铁的力学性能比灰铸铁高,成本接近于灰铸铁,并拥有灰铸铁的优良铸造性能、切削加工性和减摩性等性能。它可代替部分钢作较重要的零件,对实现以铁代钢,以铸代锻起到了重要的作用,具有较大的经济效益。如 QT400-15,其中 QT 表示"球铁",第一组数字代表最低抗拉强度值,第二组数字代表最低伸长率。

3. 可锻铸铁

可锻铸铁俗称马铁。如 KTH300-08,其中"KT"表示"可锻","H"表示"黑",后边第一组数字表示最小抗拉强度值,第二组数字表示最低伸长率。

4. 蠕墨铸铁

蠕墨铸铁是 19 世纪 70 年代发展起来的一种新型铸铁。蠕墨铸铁的力学性能介于相同基体组织的灰铸铁和球墨铸铁之间,它的抗拉强度、屈服点、伸长率、疲劳强度均优于灰铸铁,接近于球墨铸铁。蠕墨铸铁主要用于制造气缸盖、气缸套、液压件等零件。

五、其他常用有色金属

1. 铜及铜合金

(1)纯铜。铜是贵重有色金属,是人类应用最早和最广的一种有色金属,其全世界产量仅次于钢和铝。工业纯铜又称紫铜,密度为 $8.96×10^3 kg/m^3$,熔点为 1083℃。纯铜具有良好的导电、导热性,塑性好,容易进行冷热加工。同时纯铜有较高的耐蚀性,在大气、海水及不少酸类中皆能耐蚀。按杂质含量,纯铜可分为 T_1,T_2,T_3,T_4 四种。"T"为铜的汉语拼音字首,其数字越大,纯度越低。如 T_1 的含铜量＝99.95%,而 T_4 的含铜量＝99.50%,其余为杂质含量。纯铜一般不作结构材料使用,主要用于制造电线、电缆、导热零件及配制铜合金。

(2)黄铜。黄铜是以锌为主要合金元素的铜锌合金。按化学成分分为普通黄铜和特殊黄铜两类。普通黄铜是由铜与锌组成的二元合金。它的色泽美观,对海水和大气腐蚀有很好的抵抗力。

黄铜的代号用"H"(黄铜汉语拼音字首＋数字)表示,数字表示铜的平均质量分数。H80 色泽好,可以用来制造装饰品,故有"金色黄铜"之称。H70 强度高、塑性好,可用深冲压的方法制造弹壳、散热器、垫片等零件,故有"弹壳黄铜"之称。H62 和 H59 具有较高的强度与耐蚀性,且价格便宜,主要用于热压、热轧零件。

(3)锡青铜。以 Sn 为主加元素的铜合金称为锡青铜。我国文物中的钟、鼎、镜、剑等就是用这种合金制成的,锡青铜的耐腐蚀性比纯铜和黄铜都高,特别是在大气、海水等环境中。抗磨性能也高,多用于制造轴瓦、轴套等耐磨零件。常用锡青铜牌号有 QSn4-3,QSn6.5-0.4,ZCuSn10P1。

(4)铝青铜。铝青铜是以铝为主加元素的铜合金,且强度、耐磨性、耐蚀性及耐热性比黄铜和锡青铜都高,还可进行热处理(淬火、回火)强化。常用铝青铜牌号有 QA17。铸造铝青铜常用来制造强度及耐磨性要求较高的零件,如齿轮、轴套、蜗轮等。

(5)铍青铜。青铜的含 Be 量很低,1.7%≤含铍量≤2.5%,铍青铜有较高的耐蚀性和导电、导热性,无磁性。此外,还有良好的工艺性,可进行冷、热加工及铸造成形。通常制作弹性元件及钟表、仪表中的零件,电焊机电极等。

2. 铝及铝合金

(1)纯铝。纯铝呈银白色,塑性好、强度低,一般不能作为结构材料使用,可经冷塑性变形使其强化。铝的密度较小,仅为铜的三分之一,熔点为 660℃;导电、导热性好,仅次于金、银、铜而居第四位。铝在大气中其表面易生成一层致密的 Al_2O_3 薄膜而阻止进一步的氧化,抗大气腐蚀能力较强。纯铝主要用于制作电缆,配制各种铝合金以及制作要求质轻、导热或耐大气腐蚀但强度要求不高的器具。工业纯铝分未经压力加工产品(铝锭)和压力加工产品(铝材)两种。铝材的牌号有 1A70,1A60,1A50,1A99 等(牌号中数字越大,表示杂质的含量越高)。

(2)变形铝合金。变形铝合金按其主要性能特点分为防锈铝、硬铝、超硬铝与锻铝等。通常加工成各种规格的型材(板、带、线、管等)产品,防锈铝合金用 5A×× 或 3A×× 表示,如 5A05,3A21;硬铝合金用 2A×× 表示,如 2A11,2A12;超硬铝合金用 7A×× 表示,如 7A04;锻铝合金用 2A×× 表示,如 2A50,2A70;牌号的最后两位数字没有特殊意义,仅用来区分同一组中不同的铝合金。

防锈铝合金属于热处理不能强化的铝合金,常采用冷变形方法提高其强度。主要有 Al-Mn,Al-Mg 合金。这类铝合金具有适中的强度、优良的塑性和良好的焊接性,并具有很好的抗蚀性,故称为防锈铝合金,常用于制造油罐、各式容器,防锈蒙皮等。

(3)铸造铝合金。铸造铝合金具有良好的铸造性能,但塑性差,常采用变质处理和热处理的办法提高其机械性能。铸造铝合金代号用"Z"(铸铝)及三位数字表示。第一位数字表示合金类别;后两位数字为顺序号,顺序号不同,化学成分不同,如 ZAlSi12。

实践活动

1. 能判断常用零件的材料;
2. 能说出铣削加工常用材料的性能及使用场合。

项目二 铣床操作

❖ 能掌握铣床的安全操作规程及所应具备的职业素养；

❖ 能掌握常用量具的选用与维护；

❖ 能了解铣削加工的常用材料及性能。

模块一 铣床基本操作

任务1 熟悉铣床主要部件及操纵

任务目标

1. 了解铣床的种类；

2. 了解 X6132 铣床主要部件的名称、作用和结构原理；

3. 熟悉 X6132 铣床各主要操纵手柄的名称、功用和操作方法。

任务要求

1. 能熟练说出铣床的各部件名称及其作用；

2. 能熟练调整铣床的手柄及参数。

安全规程

参照铣床操作规程。

知识链接

一、铣床的种类

铣床的种类很多，常用的有以下几种：

1. 升降台式铣床

(1)卧式升降台铣床，如图 2-1。此机床纵向工作台和纵向进给方向与主轴轴心线垂直而且垂直度很精确，使用过程中，不需要对纵向进给方向进行校正，工作范围较小。

(2)卧式万能铣床，如图 2-2。此机床纵向滑板和横向工作台之间有一带刻度的回转台。使用时，可使工作台在±45°范围内转到所需要的位置。

图 2-1 图 2-2

2．立式铣床

其特征是主轴与工作台台面垂直；立铣头与床身成一体，铣头刚性好，但加工范围较小。如图 2-3。

图 2-3

3．龙门铣床

在龙门的水平导轨上安装有两个立式铣头；在两侧的垂直轨道上各装有一个卧式铣头。铣削时，可同时安装四把铣刀。这种铣床是一种大型铣床，适合大型或重型工件加工，生产效率高。如图 2-4。

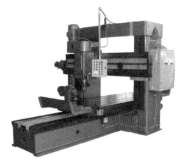

图 2-4

4. 特种铣床

又称专用铣床,是完成一个特定工序的专用铣床,一般以加工工序名称命名。如图 2-5。(此铣床是用来专铣机床床身的)

图 2-5

5. 多功能铣床

此铣床的特点是具有广泛的万能性和适应性,并附有较多的附件,以适应加工各种类型的零件。如图 2-6。

图 2-6

二、铣床各部分名称和用途

铣床的种类很多,现以 X6132 型卧式铣床为例,介绍铣床各部分的名称和作用。如图 2-7。

1. 床身

床身 1 是铣床的主体,用来安装和支承铣床的其他部分。床身的前壁有燕尾形的垂直导轨,供升降台上下移动导向用;床身的上部有燕尾形水平导轨,供横梁前后移动导向用。

2. 横梁

横梁 4 用来安装支架 13,支承刀杆的悬伸端,用以增加刀杆的刚性。

3. 主轴

空心主轴 2 的前端有 7:24 的圆锥孔,用来安装铣刀或者通过刀杆来安装铣刀,并带着它们一起旋转,以便切削工件。

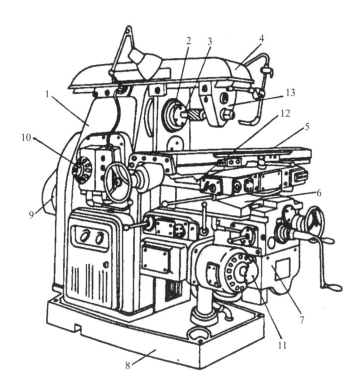

1-床身　2-主轴　3-铣刀心轴　4-横梁　5-工作台　6-床鞍　7-升降台

8-底座　9-主电动机　10-变速操纵部分　11-蘑菇形手柄　12-回转盘　13-支架

图 2-7

4. 纵向工作台

纵向工作台 5 安装在回转盘 12 的纵向水平导轨上,可沿垂直于或交叉于(当工作台被扳转角度时)主轴轴线的方向移动,使工作台纵向进给运动。工作台长 1200 毫米,宽 320 毫米,上面有三条 T 形槽,用来安装压板螺柱,以固定夹具或工件。工作台前侧面有一条小 T 形槽,用来安装行程挡块。

5. 床鞍

床鞍 6 安装在升降台的横向水平导轨上,可沿平行于主轴轴线方向(横向)移动,使工作台做横向进给运动。

6. 回转盘

回转盘 12 在工作台 5 和床鞍 6 之间,它可以带动工作台绕床鞍的圆形导轨中心,在水平面内转动±45°,以便铣削螺旋槽等特殊表面。

7. 升降台

升降台 7 安装在床身前侧面垂直导轨上,可做上下移动,是工作台的支座。它的内部有进给电动机和进给变速机构,以使升降台、工作台、床鞍做进给运动和快速移动。升降台前面左下角有一蘑菇形手柄 11,用以变换进给速度。变速允许在机床运行中进行。

8. 进给变速机构

用来调整和变换工作台的进给速度,可使工作台获得 23.5～1180mm/min 的 18 种不同的进给速度。

9. 主轴变速机构

用来调整和变换主轴转速,可使主轴获得 30～1500r/min 的 18 种不同的转速。

10. 底座

底座 8 用来支持床身,承受铣床全部重量,及盛放切削液。

三、铣床的操纵

1. 主轴变速操作。如图 2-8。将变速手柄 1 向下压,使手柄的榫块从固定环 2 的槽 1 内脱出,再将手柄外拉,使手柄的榫块落入固定环 2 的槽 2 内,手柄处于脱开位置 I。然后转动转速盘 3,使所需要的转速数对准指针 4,再接合手柄。接合变速操纵手柄时,将手柄下压并较快地推到位置 II,使冲动开关 5 瞬时接通电动机瞬时转动,以利于变速齿轮啮合,再由位置 II 慢速继续将手柄推到位置 III,使手柄的榫块落入固定环 2 的槽 1 内,变速完成。

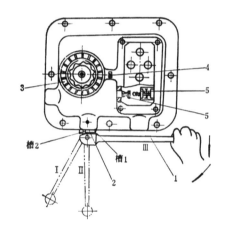

1-变速手柄 2-固定环 3-转速盘 4-指针 5-冲动开关

图 2-8

2. 工作台纵、横、垂直方向的手动进给操作。工作台纵向手动进给手柄 1,工作台横向手动进给手柄 2,工作台垂直方向手动进给手柄 3,摇动各手柄,带动工作台做各进给方向的手动进给运动。顺时针摇动,工作台前进或上升;逆时针摇动就后退或下降。手动摇动时,要使进给速度均匀适当。如图 2-9。

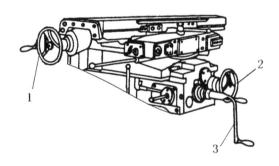

1-工作台纵向手动进给手柄 2-工作台横向手动进给手柄 3-工作台垂直方向手动进给手柄

图 2-9

3．纵向、横向刻度盘，圆周刻线 120 格，每摇一转，工作台移动 6mm，每摇一格，工作台移动 0.05mm。

4．垂直方向刻度盘，圆周刻线 40 格，每摇一转，工作台上升或下降 2mm，每摇一格，工作台上升或下降 0.05mm。

5．若手柄摇过头，则不要直接退回到要求的刻度线，应将手柄退回一转后，再重新摇到要求的数值。

6．进给变速操作。先将变速手柄 1 向外拉，再转动手柄，带动转速盘 2 旋转，转速盘 2 上有 23.5～1180mm/min 共 18 种进给速度，当所需要的转速数对准指示箭头 3 后，再将变速手柄 1 推回到原位。如图 2-10。

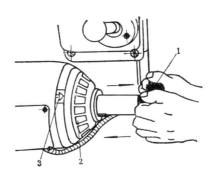

1-变速手柄　2-转速盘　3-指示箭头

图 2-10

7．工作台纵向的机动进给操作。这三个方向的机动进给操纵手柄均为复式手柄。纵向机动进给手柄有"向右进给""向左进给"和"停止"三个位置。手柄的指向就是工作台的进给方向。如图 2-11。

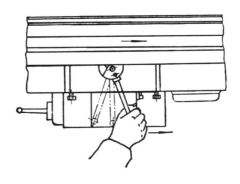

图 2-11

8．工作台横向及垂直方向的机动进给操作。横向及垂直方向的机动进给由同一个手柄操纵。该手柄有"向前进给""向后进给""向上进给""向下进给"和"停止"五个工作位置。手柄的指向就是工作台的进给方向。如图 2-12。

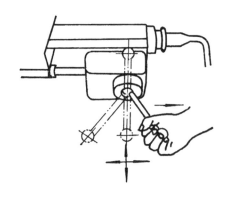

图 2-12

9．一般操作顺序。

1）手摇各进给手柄,做手动进给检查。无问题后再将电源转换开关扳至"通"。

2）主轴换向开关扳至要求的转向。

3）调整主轴转速和工作台每分钟进给量。

4）按"起动"按钮,使主轴旋转,扳动工作台自动进给操纵手柄,使工作台作自动进给运动。

5）工作完毕后,将自动进给操纵手柄扳至原位。

6）按主轴"停止"按钮,使主轴和进给运动停止。

实践活动

1．手动进给操作练习

1）在教师指导下检查铣床;

2）对铣床注油润滑;

3）熟悉各个进给方向刻度盘;

4）做手动进给练习;

5）使工作台在纵向、横向、垂直方向分别移动 2.5mm,4mm,7.5mm;

6）注意工作台丝杠和螺母间的传动间隙对移动尺寸的影响;

7）每分钟均匀地手动进给 30mm,60mm,100mm。

2．主轴空运转操作练习

1）将电源开关转至"通";

2）练习变换主轴转速 1～3 次(不要在高转速);

3）按"起动"按钮,使主轴旋转 3～5 分钟;

4）检查油窗是否甩油;

5）停止主轴旋转,重复以上练习。

3．工作台机动进给操作练习

1）检查各进给方向紧固手柄是否松开;

2）检查各进给方向机动进给停止挡铁是否在限位柱范围内;

3）将工作台各机动进给手柄处于中间位置;

4）变换进给速度（不要在高转速）；

5）按主轴"起动"按钮，使主轴旋转；

6）使工作台做机动进给，先纵向、后横向，最后垂直方向；

7）检查进给箱油窗是否甩油；

8）停止工作台进给，再停止主轴旋转；

9）重复以上练习。

思考与检查

1. 常用铣床的种类有哪几种？

2. 在龙门的水平导轨上安装有两个＿＿＿＿＿＿＿＿；铣削时，可同时安装＿＿＿＿＿＿把铣刀。这种铣床是一种大型铣床，适合＿＿＿＿＿＿＿＿＿＿，生产效率高。

3. 简述 X6132 型卧式铣床各部分的名称和作用。

任务评价

表 2-1 为 X6132 卧式铣床操纵练习评分表。

表 2-1　X6132 卧式铣床操纵练习评分表

项次	考核要求	项目	配分	检验与考核记录	扣分	得分
1	手动进给操作	动作规范	25			
2	轴空运转操作	动作规范	25			
3	工作台机动进给操作	动作规范	25			
4	操作安全	文明操作情况	25			

模块二　机床维护

任务　机床的维护与保养

任务目标

1. 掌握金属切削机床的润滑知识；

2. 熟悉金属切削机床的维护保养知识；

3. 了解金属切削机床的操作注意事项。

任务要求

能独立完成机床的维护与保养。

知识链接

一、金属切削机床的润滑

1. 概述

合理使用机床所包含的内容比较广泛。除了要做好规定的日常维护工作外，还需要熟悉机床使用说明书，并根据说明书的要求选择适宜的切削用量。另外，还必须定期地对机床进行一级保养。

（1）熟悉机床使用说明书

在每一台机床出厂的时候，都附有机床使用说明书。通常说明书里应载有正确使用该机床的详细资料，如：机床的用途和特点，机床的主要规格，机床的传动系统，机床操纵机构说明，机床的安装和调试，机床的保养，机床精度检验单，机床附件，以及机床的其他说明等。

根据机床说明书的资料，就可以对机床进行正确和安全操作，并能调整成需要的状态，以充分发挥机床的切削效率。机床说明书还说明使用时的注意事项，所以熟悉机床使用说明书是对每个操作者最基本的要求。事实证明，生产中的许多设备和人身事故都是由操作者不了解或者不按照机床说明书上要求进行操作所引起的。因此，在操作机床之前，第一件准备工作就是熟悉机床使用说明书。

（2）试车程序

由于机床在出厂后，经过运输、安装等过程后，有些部件或零件可能会松动或损坏以及位置发生改变。所以在试车时要特别小心，并按一定的程序进行。

1）首先应仔细地擦去机床上各部分的防锈油，然后抹上一层机油。再添充机床内部的润滑油。

2）先按使用说明书上介绍的操纵系统，用手动试摇。没有不良情况时，再把电源开关合上。

3）检查电动机的旋转方向是否符合要求。

4）先使主轴做低速运转30分钟，再做高速运转30分钟（都是空转）。观察运转是否正常，有无异常的声音。并检查油泵工作是否正常。

5）松开各锁紧机构手柄，做空运行机动进给观察其运动情况。

6）经过上述检查，各部运动均属正常后，即可进行切削试验。进一步观察机床的运动情况和检查加工件的加工质量。

（3）润滑概述

为了减少机床上有相对运动零件如导轨、齿轮、轴承等的摩擦阻力和磨损，使机床能保持精度、传动效率和使用寿命，必须对这些零件的运动表面加以润滑，润滑不良，会引起摩擦表面发热而导致磨损，以致发生机床设备事故。

机床的润滑有人工润滑和自动润滑两种，现代机床的各主要磨损部位都采用机械油泵自动润滑，有少数手动机构，需用人工在油杯中定期加油。

机床启动后，油泵即开始工作，将油箱内滤过的油吸入油泵，经过油管和油窗，送至各润滑部位，润滑过的油流回油箱，操作者在机床启动后，要检查一下油窗内是否有油流动，调整油阀，使流量适度。如无油流动，应立即检查故障原因，及时修复。

储存油润滑的齿轮箱，工作前应检查油标，观察存油是否达到规定标线，不足者应补充。

不论自动润滑的油箱还是有存油的齿轮箱，都应按照规定定期清洗换油，平时要注意防止灰砂进入油箱及各润滑面。

凡是用人工加油的部位，要按照该机床的润滑加油表及加油点位置按规定的期限加油，不能疏忽。

利用毛细管的作用，把油引到需要润滑的部位的润滑方式为油绳润滑。在密封的齿轮箱内，用齿轮的转动对各处进行润滑的方式为溅油润滑。液压泵循环润滑用柱塞液压泵吸入润滑油,再经油管输送至各润滑部位。

2. 机床润滑的特点及要求

(1)机床中的主要零部件多为典型机械零部件,标准化、通用化、系列化程度高。例如滑动轴承、滚动轴承、齿轮、蜗轮副、滚动及滑动导轨、螺旋传动副(丝杠螺母副)、离合器、液压系统、凸轮等等,润滑情况各不相同。

(2)机床的使用环境条件:机床通常安装在室内环境中使用,夏季环境温度最高为40℃,冬季气温低于0℃时多采取供暖方式,使环境温度高于5～10℃。高精度机床要求恒温空调环境,一般在20℃上下。但由于不少机床的精度要求和自动化程度较高,对润滑油的黏度、抗氧化性(使用寿命)和油的清洁度的要求较严格。

(3)机床的工况条件:不同类型的不同规格尺寸的机床,甚至在同一种机床上由于加工件的情况不同,工况条件有很大不同,对润滑的要求有所不同。例如高速内圆磨床的砂轮主轴轴承与重型机床的重载、低速主轴轴承对润滑方法和润滑剂的要求有很大不同。前者需要使用油雾或油/气润滑系统润滑,使用较低黏度的润滑油,而后者则需用油浴或压力循环润滑系统润滑,使用较高黏度的油品。

(4)润滑油品与润滑冷却液、橡胶密封件、油漆材料等的适应性:在大多数机床上使用了润滑冷却液。在润滑油中,常常由于混入冷却液而使油品乳化及变质、机件生锈等,使橡胶密封件膨胀变形,使零件表面油漆涂层气泡、剥落。因此需考虑油品与润滑冷却液、橡胶密封件、油漆材料的适应性、防止漏油等。特别是随着机床自动化程度的提高,在一些自动化和数控机床上使用了润滑/冷却通用油,既可作润滑油、也可作为润滑冷却液使用。

3. 机床润滑剂的使用技巧

由于金属切削机床的品种繁多,结构及部件情况有很大变化,很难对其主要部件润滑剂的选用提出明确意见,下面内容是根据有关标准整理的一些机床主要部件合理应用的润滑剂的推荐意见,供选用润滑剂时参考。

(1)机床用润滑剂选用推荐。全损耗系统:精制矿油,L-AN32、L-AN68 或 L-AN220,用于轻负荷部件,常使用 HL 液压油。

(2)齿轮(闭式齿轮):连续润滑(飞溅、循环或喷射),精制矿油,并改善其抗氧性、抗腐蚀性(黑色金属和有色金属)和抗泡性,CKB32、CKB68 或 CKB100、CKB150,在轻负荷小操作的闭式齿轮(有关主轴箱轴承、走刀箱、滑架等),CKB32 和 CKB68 也能用于机械控制离合器的溢流润滑,CKB68 可代替 AN68。对机床主轴箱常用 HL 类液压油;精制矿油,并改善其抗氧性、抗腐蚀性(黑色和有色金属)、抗泡性、极压性和抗磨性,CKC100、CKC150、CKC200、CKC320、CKC460,在正常或中等恒定温度和在重负荷下运转的任何类型闭式齿轮(准双曲面齿轮除外)和有关轴承,也能用于丝杠,进刀螺杆和轻负荷导轨的手控和集中润滑。

(3)主轴、轴承和离合器。主轴、轴承和离合器,精制矿油、添加剂改善其抗并由腐蚀性和抗氧性,FC2、FC5、FC10、FC22,滑动轴承或滚动轴承和有关离合器的压力、油浴和油雾润滑,在有离合器的系统中,由于有腐蚀的危险,所以采用无抗磨和极压剂的产品是需要的;主轴、轴承,精制矿油,并由添加剂改善其抗腐蚀性、抗氧和抗磨性,FD2、FD5、FD10、FD22,滑动轴承或滚动轴承的压力、油浴和油雾润滑,也能用于要求油的黏度特别低的部件,如精密机械、液压或液压气动的机械、电磁阀、油气润滑器和静压轴承的润滑。

(4)导轨。精制矿油、并改善其润滑性和黏滑性,G68、G100、G150、G220,用于滑动轴承、导轨的润滑,特别适用于低速运动的导轨润滑,使导轨的"爬行"现象减少到最小,也能用于各种滑动部件,如丝杠、进刀螺杆、凸轮、棘轮和间断工作的轻负荷蜗轮的润滑。

(5)液压系统。液压系统,精制矿油,并改善其防锈、抗氧性和抗泡性,HL32、HL46、HL68;精制矿油,并改善其防锈、抗氧、抗磨和抗泡性,HM15、HM32、HM46、HM68,包括重负荷元件的一般液压系统,也适用于作滑动轴承、滚动轴承和各类正常负荷和齿轮(蜗轮和准双曲面齿轮除外)的润滑,HM32和HM68可分别代替CKB32和CKB68;精制矿油,并改善其防锈、抗氧、黏温性和抗泡性,HV22、HV32、HV46,数控机床,在某些情况下,HV油可代替HM油。液压和导轨系统,精制矿油,并改善其防锈、抗氧、抗磨、抗泡和黏滑性,HG32、HG68,用于滑动轴承、液压导轨润滑系统合用的机械以减少导轨在低速下运动的"爬行"现象,如果油的黏度合适,也可用于单独的导轨系统,HG68可代替G68。

(6)用润滑脂的场合。通用润滑脂,并改善其抗氧和抗腐蚀性,XBA或XEB1、XEB2、XEB3,普通滚动轴承、开式齿轮和各种需加脂的部位。

注:代号说明:AN—全损耗系统用油,CKB—抗氧化、防锈工业齿轮油,CKC—中负荷工业齿轮油,FC—轴承油,FD—改善抗磨性的FC轴承油,G—导轨油,HL液压油,HM液压油(抗磨型),HV低温液压油,HG—液压—导轨油,XBA—抗氧及防锈润滑脂,XEB—抗氧、防锈及抗磨润滑脂。

二、金属切削机床的维护保养

1. 机床维护保养要点

(1)首先要熟悉机床的结构和性能。正确使用机床,遵守机床操作规程和安全生产制度。班前班后要严格执行交接班制度。

(2)按照机床润滑加油制度做好润滑工作,要按照加油制度规定期限更换润滑油、冷却液和液压油等,并清洗过滤器。

(3)坚持机床清洁,导轨、工作台台面、主轴等重要加工面上的灰尘、切屑、油污应随时清扫,下班时应全面清扫擦净,并在滑动和转面上加油,保护好各加工表面,不使其被擦伤、敲坏。

(4)应随时注意机床转动和滑动部分是否松动或有异物阻塞,防震装置是否完整,各种手柄、制动器、限位挡块是否灵活和能起作用,油泵、电动机工作是否正常。

(5)装卸大的工件或大的工、夹、模具可能碰撞床面或工作台面时,应垫好木板。装夹工件要牢固,防止松开摔下,损伤床面。

(6)发现机床有不正常情况时,如声音异常、轴承或齿轮箱发热、振动、工作台爬行等,应立即停车排除故障,不能勉强继续使用。

(7)工、夹、量具不能放在工作台面和导轨等具有精度的表面上,以免损伤导轨等表面光洁度和精度。不准在工作台面上敲打东西。

(8)要按照定期检查制度规定,进行定期检查和计划检修;并按机床精度检验标准定期复查。

2. 三级保养的划分

(1)日常保养

设备的日常保养由操作者负责,班前班后由操作工人认真检查。擦拭设备各处或注油保养,设备经常保持润滑清洁。班中设备发生故障,要及时排除,并认真做好交接班记录。

(2)一级保养

以操作工人为主,维护工人参加,对设备进行局部解体和检查,清洗所规定的部位,疏通油路,更换油线油毡。调整设备各部位配合间隙,紧固设备各部位。设备运转600小时后应进行一次一级保养。

(3)二级保养

以维修工人为主,操作工人参加,对设备进行部分解体检查修理,更换和修复磨损件,局部恢复精度,润滑系统清洗、换油,气电系统检查修理。设备运转3000小时后应进行一次二级保养。

3. 设备日常保养具体要求

(1)班前认真检查设备,按规定做好点检工作,合理润滑和加油。

(2)班中遵守设备操作规程,正确使用设备。

(3)发现隐患及时排除,自己解决不了的应立即通知机电修理人员处理。

(4)班后做好设备清扫、润滑工作,一般设备为15~30分钟,大型、关键设备可以适当延长。油毡、油线、油孔、油杯、油池要坚持每周清理一次。

(5)做好交接班工作,将当天设备运转情况详细记录在交接班本上。

(6)坚持每天一小扫,周末大清扫,月底节前彻底扫,并定期进行评比。周末一般设备清扫1小时左右,大型、关键设备2小时左右,月底一般清扫1~2小时,大型、关键设备2~4小时,节日保养按规定保养标准进行,并将定期评比情况做好记录。

4. 一级保养

机床运转600小时左右,应进行一次一级保养。一级保养是由操作工人负责的,必要时可请维修工人配合指导。

(1)一级保养的内容

1)机床外部。要求把机床外表面擦拭清洁,各罩盖内外表面等不能有锈蚀和油污。对机床附件进行清洗,并涂上润滑油。清洗丝杠及滑动部分,并涂上润滑油。

2)机床传动部分。清洗导轨面及塞铁并调整松紧。对丝杠与螺母之间的间隙,丝杠两端轴承的松紧进行调整。用三角皮带传动的,也应揩清并调整松紧。

3)机床冷却系统。清洗过滤网,切削液槽(箱),并注入适量的切削液。

4)机床润滑系统。要求使油路畅通无阻,清洗油毛毡(不能留有铁屑),油窗要明亮。检查手动油泵的工作情况,泵周围清洁无油污。检查油质是否良好。

5)机床电器部分。清扫电器箱,擦清电动机。检查电器装置是否牢固整齐,限位装置等是否安全可靠。

(2)一级保养的操作步骤

1)擦清床身上的各部件,包括横梁、挂架、挂架轴承、横梁燕尾槽(若有塞铁,需把塞铁按时清洁,并上油和调整松紧),以及主轴孔、轴前端和尾部,垂直导轨上部等,这些部件如有毛刺需修光。

2)拆卸机床工作台。机床的一级保养中,拆卸机床工作台是主要工作量,拆卸的方法和步骤如下:

① 快速向右进给到极限位置,拆卸左撞块。

② 拆卸左面手柄、刻度环、离合器、螺母及推力球轴承。

③ 拆卸左面轴承架和塞铁。

④ 拆卸右端螺母、圆锥销及推力球轴承,再拆卸右端轴承架。

⑤ 用手旋丝杠,并取下丝杠,丝杠在取下时要注意丝杠键槽向下,否则要碰落平键。

⑥ 取下工作台。清洗拆卸的各部零件,并修去毛刺。检查和清洗工作台底座内的各零件,检查手动油泵及油管是否正常。

⑦ 安装工作台,安装步骤与拆卸时基本上相反。

⑧ 调整塞铁松紧及推力球轴承的间隙。

⑨ 调整丝杠与螺母之间的间隙(若是单螺母,则不能调节),一般控制在 0.05~0.25 毫米。

⑩ 拆卸横向工作台的油毛毡、夹板和塞铁,并清洗好。

⑪ 前后摇动横向工作台,一方面擦清横向丝杠,另一方面把横向导轨擦清,修光毛刺,再装上塞铁、油毛毡等。

⑫ 移动工作台,清洗进给丝杠、导轨和塞铁等,并调整好。同时还要检查润滑油质量。

⑬ 拆洗电动机罩壳及擦清电动机,清扫电器箱,并进行检查。

⑭ 擦清洁整台机床外观,检查润滑系统,清洗冷却系统。

一级保养除对机床进行清洁外,对机床附件及机床周围均应擦清洁,并应按期进行。

项目三　铣削平面

❖ 能了解铣削平面的刀具种类及其选择；
❖ 能掌握各种平面的铣削加工的方法；
❖ 能完成平面类零件的加工；
❖ 能完成各种平面的质量检测。

模块一　铣削六面体

模块目标

● 能识读图样和工艺卡,查阅相关资料并计算,明确加工技术要求,明确加工工艺；
● 能根据平面特征,经过查阅切削手册,正确选择平面铣刀的材料和结构形式；
● 能根据加工要求掌握不同类型平面的加工方法；
● 能正确使用不同的量具对所加工平面进行测量。

学习导入

大家想一下,一个正方体或长方体如何在铣床上加工完成,并且要保证所有平面之间的尺寸,以及相互之间的垂直？接下来我们就做这样的一个任务。

任务 1　平面铣刀的选择

任务目标

1. 掌握平面铣刀的种类及各自的用途；
2. 能通过被铣材料选择合适的平面铣刀。

任务要求

1. 能根据加工平面的特征选择相应的平面铣刀；
2. 能独立安装平面铣刀。

安全规程

1. 选择铣刀时应注意刀具的锋利；
2. 在安装刀具时注意装夹过程的设备是否与刀具碰撞；
3. 检查刀具是否正确与夹紧。

知识链接

铣削是被广泛应用的一种切削加工方法,它用于加工平面、台阶面、沟槽、成形表面以及切断等。铣刀是多刃回转刀具。铣刀的每一个刀齿都相当于一把车刀,它的切削基本规律与车削相似,但铣削是断续切削,切削厚度和切削面积随时在变化,所以铣刀刀具又有其自身的特殊规律。

铣刀的种类繁多,有不同的分类方法,一般可以按用途分类,也可以按刀齿的组合方式、刀齿的形状等分类。

一、平面铣的分类及用途

1. 圆柱铣刀

圆柱铣刀用于卧式铣床上加工平面,特点是切削刃成螺旋线状分布在圆柱表面上,无副切削刃。主要用高速钢整体制成,也可以镶焊螺旋形硬质合金刀片。如图 3-1。

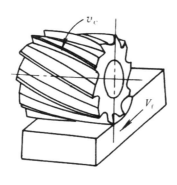

图 3-1

2. 面铣刀

面铣刀用于立式铣床上或装在卧式铣床上,加工平面及台阶。面铣刀一般比圆柱铣刀刚性大,加之面铣刀多数采用硬质合金刀齿,因此面铣刀生产效率较高。如图 3-2。

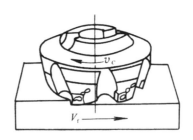

图 3-2

3. 两面刃铣刀

两面刃铣刀在圆柱表面和一个端面上做有刀齿,用于加工较小平面和阶台平面。如图 3-3。

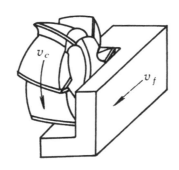

图 3-3

4. 立铣刀

立铣刀圆柱表面上的螺旋切削刃是主刀刃,端面上的切削刃是副切削刃,所以一般不能沿轴向进给。用于加工较小平面、阶台平面和槽等。如图 3-4。

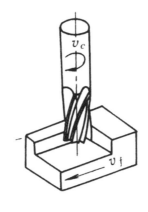

图 3-4

任务 2　平面铣削

任务目标

1. 学会铣削六面体的加工方法;

2. 学会垂直度和平行度不符合要求时的校准方法;

3. 学会铣削用量的选择;

4. 学会铣削六面体的测量方法。

任务要求

1. 正确选择平面铣刀和切削用量;

2. 掌握用圆柱铣刀和端面铣刀铣削的方法;

3. 掌握平面的检验方法。

安全规程

1. 在铣削工件前应检查铣床的手柄及工件安装是否牢固;

2. 铣削时不准用手摸工件和铣刀；

3. 加工过程中，不能停止铣刀旋转和工作台进给，以防损坏刀具或啃伤工件；

4. 不使用的进给机构应紧固，工作完毕后应松开。

知识链接

平面是机构机器零件的基本表面之一，所以铣平面是铣工常见的工作内容之一。

一、常见的铣平面方法

1. 可在卧式铣床上用圆柱铣刀铣削平面，如图 3-5；

2. 在卧式铣床上安装面铣刀，用面铣刀铣削平面；

3. 在立式铣床上安装面铣刀铣削平面。

图 3-5

二、铣垂直面

铣垂直面的方法很多，现介绍在立式铣床上安装面铣刀铣削。

在立式铣床上可用机用平口钳装夹，进行工件铣削。使机用平口钳钳口与铣床主轴垂直，夹紧加工工件。如图 3-6。

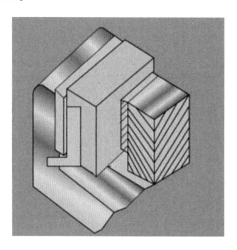

图 3-6

毛坯工件由于两对面不平行，夹紧时钳口与工件基准面不是面接触。为避免这种现象的出现,可在活动钳口处夹一圆棒。如图 3-7。

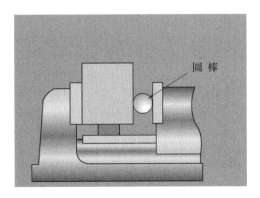

图 3-7

三、铣刀的选择

为了使加工平面在一次进给中铣成,铣刀的直径或宽度应等于被加工表面宽度的 1.2～1.5 倍。如图 3-8。

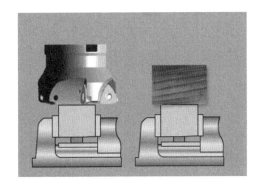

图 3-8

对称铣削,端铣时,工件的中心处于铣刀的中心称为对称铣削。对称铣削时,一半为顺铣,一半为逆铣。工件的加工表面宽度较宽,接近于铣刀直径时,应采用对称铣削。如图 3-9。

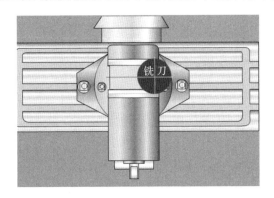

图 3-9

四、铣削用量的选择(如图 3-10)

粗铣 转速的选择在　55~102r/min

进给速度在　19.8mm/min

背吃刀量　1~4mm

精铣 转速的选择在　310r/min

进给速度在　27.2mm/min

背吃刀量　0.3~1mm

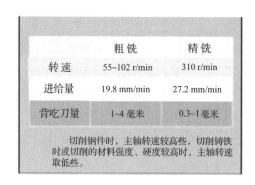

	粗 铣	精 铣
转速	55~102 r/min	310 r/min
进给量	19.8 mm/min	27.2 mm/min
背吃刀量	1~4毫米	0.3~1毫米

切削钢件时，主轴转速较高些，切削铸铁时或切削的材料强度、硬度较高时，主轴转速取低些。

图 3-10

五、加工方法

检查毛坯对照零件图样,检验毛坯的尺寸、形状及毛坯余量的大小。确定定位基准面和加工顺序。如图 3-11。

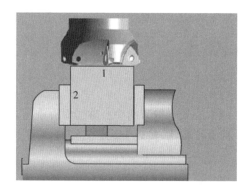

图 3-11

1. 铣基准面

选择设计基准面 1 作为定位基准面,其加工顺序如下:粗基准面选择,可选一较平整的面作为基准面 1 加工,铣面 1。

2. 铣垂直面

以面 1 为基准,靠向平口钳的固定钳口,在活动钳口和工件之间置一根圆棒装夹工件,铣面 2。如图 3-12。

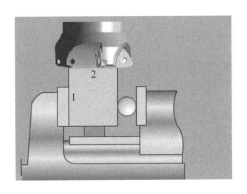

图 3-12

3. 铣平行面

以面 1 为基准装夹工件,铣面 3。如图 3-13。

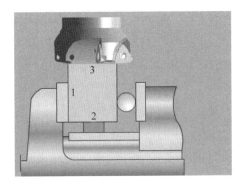

图 3-13

4. 铣平行面

面 1 靠向平行垫铁,面 3 靠向固定钳口装夹工件,铣面 4。如图 3-14。

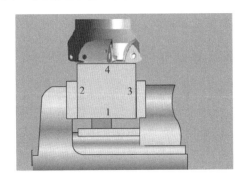

图 3-14

5. 铣端面

调整平口钳的固定钳口与铣床主轴轴心线平行,面 1 靠向固定钳口,用角尺校正面 2 与钳体导轨面垂直,装夹工件,铣面 5。如图 3-15。

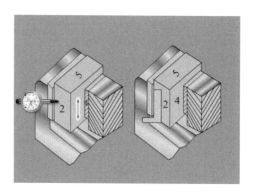

图 3-15

6. 铣端面

面 1 靠向固定钳口,面 5 靠向钳体导轨面装夹。铣面 6。如图 3-16。

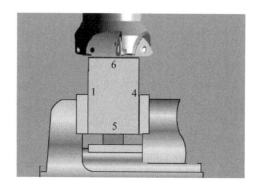

图 3-16

六、影响垂直度的因素

影响垂直度的因素 1,即使固定钳口与铣床工作台面的垂直度很好,基准面与固定钳口没有贴合,铣出的平面与基准面就不垂直。如图 3-17。

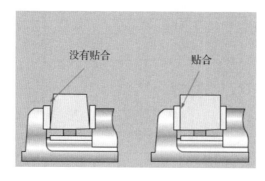

图 3-17

影响垂直度的因素 2,若在粗铣时,铣出的平面与基准面的交角小于 90°,则把窄长的铜皮或纸条垫在钳口上部。

若在粗铣时,铣出的平面与基准面的交角大于90°,则应将铜皮或纸条垫在钳口下部。

垫物的厚度是否正确,可试切一刀,测量后,再决定垫片的增添或减少。此方法操作比较麻烦,不易垫准,因此适应于单件生产。如图3-18。

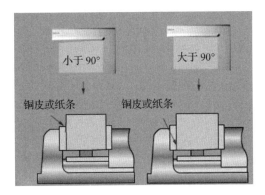

图 3-18

七、平面的质量检验

1. 平面加工的测量。面与面的垂直度测量,采用直角尺测量。如图3-19。

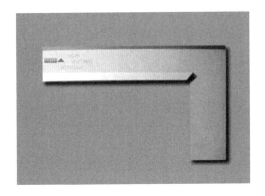

图 3-19

在整个平面内的平行度的测量,保证其测量值在要求范围之内(测量不少于四点)。如图3-20。

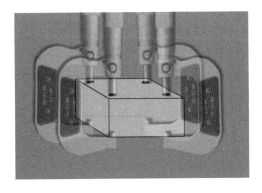

图 3-20

2. 平面度,六面体的各表面高低不允许超过 0.05mm,即平面度允差为 0.05mm。如图 3-21。

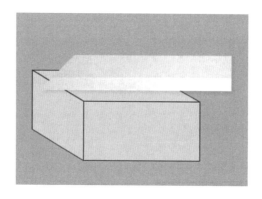

图 3-21

3. 表面粗糙度,六面体的各表面粗糙度,其允许偏差为 $Ra \leqslant 6.3\mu m$。如图 3-22。

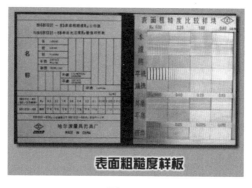

图 3-22

八、易产生的问题

1. 铣出的尺寸不符合图样要求(如图 3-23),原因如下:

(1)调整背吃刀量时,将刻度盘摇错,手柄摇过头;

(2)没有消除丝杠和螺母的间隙,直接退回,使尺寸铣错;

(3)看错图样上标注的尺寸,或测量时错误;

(4)工件或垫铁平面没有擦净,有切屑或脏物,使尺寸铣小;

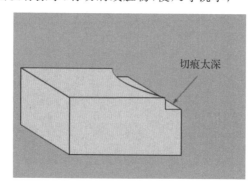

切痕太深

图 3-23

(5)对刀时切痕太深,吃刀调整背刀量时没有去掉切痕深度,使尺寸铣错。

2. 垂直度和平行度不符合要求,原因如下:

(1)固定钳口与工作台面不垂直,铣出的平面与基准面不垂直。如图 3-24。

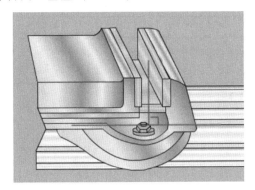

图 3-24

(2)夹紧力过大,引起钳体导轨平面变形,铣出的平面与基准面不垂直或不平行。

九、平面加工时注意事项

1. 及时用锉刀修整工件上的毛刺和锐边,但不要锉伤工件已加工表面。如图 3-25。

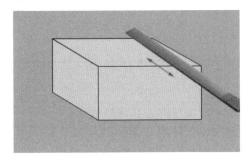

图 3-25

2. 加工时,可用粗铣一刀,再精铣一刀的方法,来提高表面加工质量。

3. 用锤子轻击工件时,不要砸伤已加工表面。应该采用木锤或黄铜棒。

实践活动

1. 判别铣刀的好坏;

2. 了解零件的装夹是否按要求进行;

3. 熟悉铣削加工的切削用量;

4. 了解平面加工的方法;

5. 能正确安装刀具。

思考与检查

1. 铣出的尺寸不符合图样的原因;

2. 铣平面时影响平面度的原因;

3. 垂直度和平行度不符合要求的原因及解决方法。

任务评价

任务评价表如表 3-1。

表 3-1 任务评价表

项 目	序号	考核要求	配 分	检验与考核记录	扣 分	得 分
六面体	1	80 ± 0.2 $Ra3.2$	$10+4$			
	2	60 ± 0.2 $Ra3.2$	$10+4$			
	3	50 ± 0.2 $Ra3.2$	$10+4$			
形位公差	4	⊥ 0.05 B	12			
	5	∥ 0.05 C	12×2			
	6	▱ 0.05	10			
其他	7	违反安全文明操作	10	现场记录		
备 注		每超差 0.01mm 扣 1 分。				

任务小结

1. 在安装工件夹具时应对安装好的夹具进行校正;

2. 在铣削时应注意正确安装工件的基准面;

3. 在铣削过程中,无特殊情况下铣刀不能停留在工件表面;

4. 铣削后的工件应及时用锉刀去毛刺和锐边;

5. 为了达到较好的表面粗糙度,应采用粗、精铣刀分开的方法进行铣削;

6. 铣削不同材料时,切削液的选用要合理。

模块二　铣削台阶平面及斜面

任务 1　铣削台阶平面

任务目标

1. 掌握铣削台阶刀具的选择;

2. 学会台阶的铣削加工方法及测量方法。

任务要求

完成图样的零件加工。(如图 3-26)

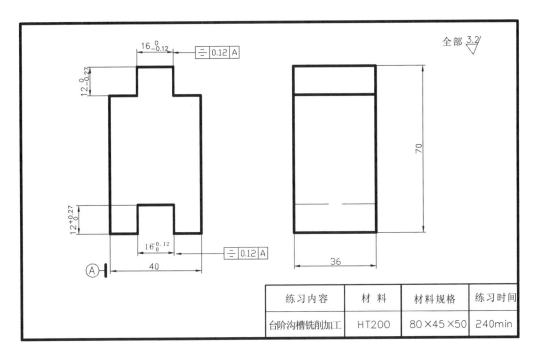

全部 3.2

练习内容	材 料	材料规格	练习时间
台阶沟槽铣削加工	HT200	80×45×50	240min

图 3-26

安全规程

1. 铣削前应检查其他手柄是否锁紧,以防铣削时铣刀的切削力拉动工件。

2. 铣刀旋转后检查铣刀旋转的方向是否正确。

3. 如铣削的立铣刀的直径较小,工作台进给不能过大,以免产生严重的让刀现象造成废品。

4. 铣削时应注意工件、铣刀装夹是否牢固。

5. 合理选择切削用量。

知识链接

一、阶台的铣削

1. 铣刀的选择

如图 3-27。选择铣刀时,应使三面刃铣刀的宽度大于阶台的宽度,一次进给铣出阶台的宽度。铣削时,为了使工件的上平面能够在铣刀刀轴下通过,铣刀直径按下式确定:

$$D > d + 2t$$

式中:D——铣刀直径 mm;

d——刀轴垫圈直径 mm;

t——台阶的深度。

2. 工件的安装和校正

采用机用平口钳装夹工件,应校正固定钳口与铣床主轴轴心线垂直. 安装工件时,应使工件的侧面靠向平口钳的固定钳口,工件的底面靠向钳体导轨平面,铣削的台阶底面应高出钳口上平面。如图 3-28。

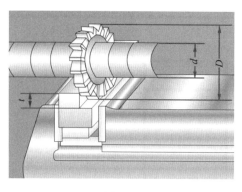
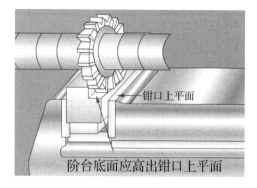

图 3-27　　　　　　　　　　　　　　　图 3-28

3. 铣削方法

安装校正工件后,摇动各进给手柄,使铣刀侧面划着阶台侧面,然后降落垂直进给,铣阶台侧面。如图 3-29。

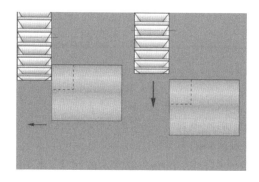

图 3-29

移动横向进给一个台阶宽度的距离,将横向进给紧固,上升工作台,使铣刀圆周刃轻轻划着工件,铣台阶侧面。如图 3-30。

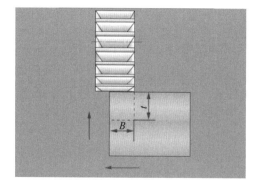

图 3-30

摇动纵向进给手柄,使铣刀退出工件,上升工作台一个阶台深度,手摇纵向进给手柄使工件靠近铣刀,扳动自动进给手柄铣出阶台。如图 3-31。

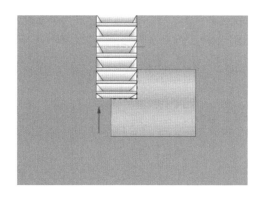

图 3-31

4．铣削较深的台阶

铣削较深的台阶时台阶的侧面留 0.5～1mm 的余量，台阶的深度分数次铣到尺寸。最后一次走刀铣削时可将台阶的侧面和底面同时铣成。如图 3-32。

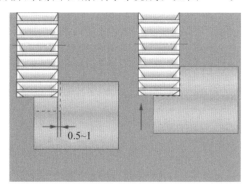

图 3-32

5．一把三面刃铣刀铣双面台阶

铣双面台阶时，先铣出一侧的台阶，并保证尺寸要求，然后铣刀退出工件，移动横向工作台一个距离 $A＝B＋C$，再将横向进给紧固，铣出另一侧的台阶。如图 3-33。

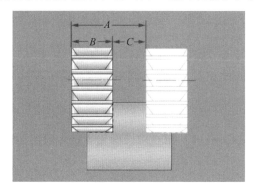

图 3-33

6. 组合的三面刃铣刀铣台阶

生产数量较多时,可用组合的三面刃铣刀加工。铣削时,选择两把直径相同的三面刃铣刀,用薄垫圈适当调整两刀刃间的距离,使其等于凸台的宽度,并用废料试铣后,符合要求后再进行加工。如图 3-34。

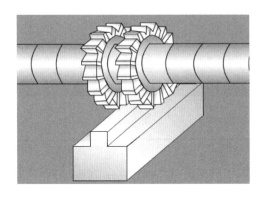

图 3-34

7. 端铣刀铣台阶

宽度较宽、深度较浅的台阶用面铣刀加工,铣削时所选择的面铣刀直径应大于台阶的宽度,以便在一次进给中铣出台阶。台阶的深度可分数次铣成。如图 3-35。

D——为立铣刀直径;

B——为台阶面宽度。

$D > B$

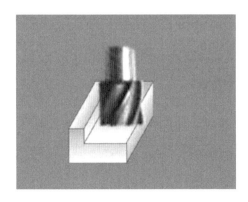

图 3-35

8. 立铣刀铣台阶

深度较深的台阶用立铣刀铣削。用立铣刀圆周刃铣台阶时,先调整到要求的台阶深度,台阶的宽度可分数次铣成。如图 3-36。

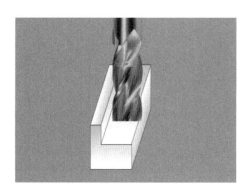

图 3-36

9. 台阶的测量

台阶的宽度和深度可用游标卡尺或深度游标卡尺测量;两边对称的台阶,深度较深时用千分尺测量,深度较浅时,用千分尺测量不便,可用界限尺测量。如图 3-37。

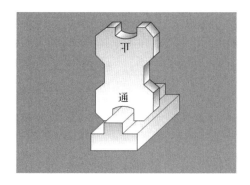

图 3-37

二、台阶铣削加工步骤

1. 安装机用平口钳,校正固定钳口与铣床主轴轴心线垂直。

2. 选择并安装圆柱铣刀(选择 60mm×60mm 的圆柱铣刀)。

3. 铣四面至尺寸 $40^{0}_{-0.2}$mm×$36^{0}_{-0.2}$mm。

4. 换装 80mm×12mm 的三面刃铣刀并调整切削用量(取转速 $n=118$r/min,进给量 $f=60$mm/min)。

5. 铣一侧的阶台至尺寸。

6. 铣另一侧的阶台至尺寸。

7. 倒角。

8. 测量并卸下工件。

三、台阶铣削易产生的问题和注意事项

1. 阶台的侧面与工件基准面不平行。原因是用平口钳装夹工件时,固定钳口没有校正好,用压板装夹工件时,工件没有校正好。如图 3-38。

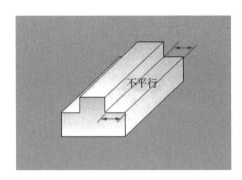

图 3-38

2. 台阶的底面与工件的底面不平行。原因是用机用平口钳装夹工件时，选择的垫铁不平行，或者工件和垫铁没有擦净，垫有脏物。如图 3-39。

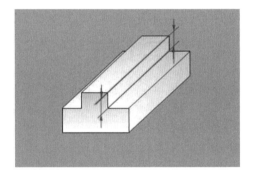

图 3-39

3. 用三面刃铣刀铣台阶时，铣出的台阶侧面不平，出现凹面。原因是工作台零位不准，铣刀侧面与工作台进给方向不平行。如图 3-40。

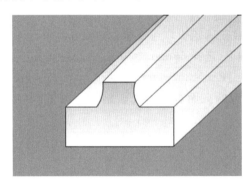

图 3-40

4. 台阶面啃伤。原因是工件装夹不牢固，铣削中松动；或者不使用的进给机构没有紧固，铣削中工作台产生窜动现象。如图 3-41。

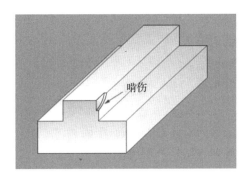

图 3-41

5. 铣出的台阶表面粗糙度不符合要求。原因是进给量过大,吃刀量过大,或刀具变钝,铣削钢件没有使用切削液。如图 3-42。

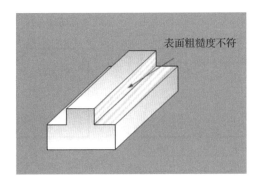

图 3-42

实践活动

1. 能合理选择铣削台阶的刀具;
2. 铣削台阶零件。

思考与检查

1. 说出铣削台阶有哪些刀具;
2. 说出铣削台阶的步骤是什么。

任务评价

参考沟槽的评价。

任务 2 铣削斜面

任务目标

1. 学会斜面的铣削划线加工方法;
2. 学会斜面校准方法;
3. 学会立铣头旋转方法;
4. 学会斜面的铣削加工方法。

任务要求

1. 掌握斜面的校正和铣削方法；
2. 掌握斜面的测量方法；
3. 加工的平面符合图纸要求。

安全规程

1. 斜面铣削时应注意工件的安装是否正确、牢固；
2. 铣削时注意铣刀的旋转方向是否正确；
3. 合理选择切削用量。

任务描述

按照下面图样完成零件的加工。如图 3-43。

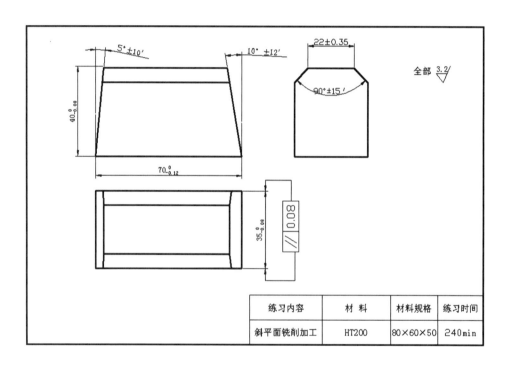

练习内容	材 料	材料规格	练习时间
斜平面铣削加工	HT200	80×60×50	240min

图 3-43

知识链接

一、斜面

斜面是指零件与基面成一定倾斜角度的平面，在铣床上常用的铣斜面方法有以下几种：

1. 把工件安装成要求的角度铣斜面(俗称倾斜工件法)

(1)根据划线装夹工件铣斜面(适合单件加工)，先在工件上划出斜面的加工线，然后用平口钳装夹工件，用划针盘校正工件上所划的加工线与工作台台面平行，用圆柱铣刀铣出斜面。如图 3-44。

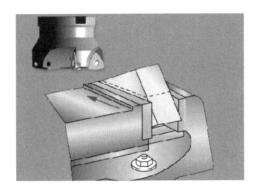

图 3-44

（2）用倾斜的垫铁装夹工件铣斜面（适合成批加工），可通过倾斜的垫铁，将工件安装在机用平口钳内，铣出要求的斜面。所选择的斜垫铁的宽度应小于工件夹紧部位的宽度。如图 3-45。

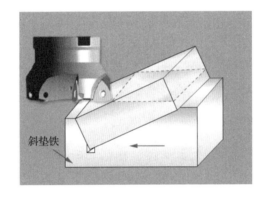

图 3-45

（3）用靠铁安装工件铣斜面。如图 3-46。

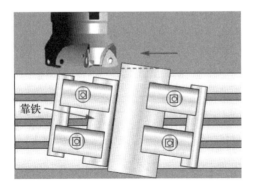

图 3-46

（4）调转机用平口钳角度，安装铣斜面工件。如图 3-47。

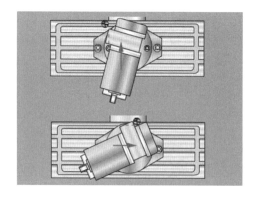

图 3-47

2. 把铣刀调成要求的角度铣斜面(俗称倾斜铣刀法)

在立铣头可转动的立式铣床上,安装立铣刀或面铣刀,倾斜立铣头主轴一定的角度用机用平口钳或压板装夹工件,可以加工出要求的斜面。其中用机用平口钳装夹时,根据工件的安装情况和所用的刀具如图 3-48。

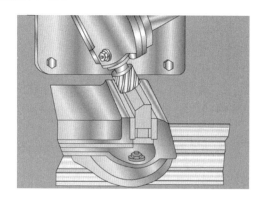

图 3-48

3. 采用角度铣刀铣斜面(如图 3-49)

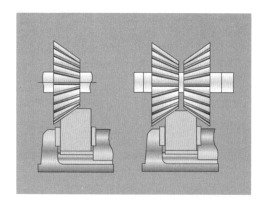

图 3-49

二、斜面的检验

加工斜面时,除去检验斜面尺寸和表面粗糙度外,主要检验斜面的角度。精度要求较高,角度较小的斜面,用正弦规检验。一般要求的斜面,用万能游标量角器检验。如图 3-50。

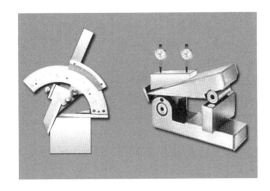

图 3-50

三、斜面加工步骤

1. 校正固定钳口与铣床主轴轴心线垂直(如图 3-51)

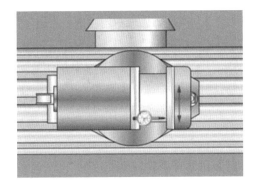

图 3-51

2. 选择并安装面铣刀(如图 3-52)

图 3-52

3. 安装并校正工件(如图**3-53**)

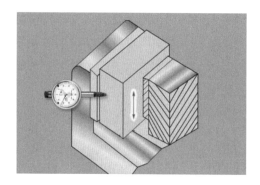

图 3-53

4. 松开立铣头两固定螺栓,转动立铣头,成 **45°** 并锁紧固定螺栓(如图 **3-54**)

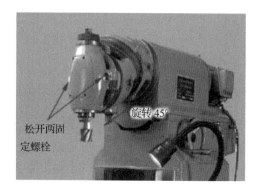

松开两固
定螺栓

旋转 45°

图 3-54

5. 粗铣 **45°** 斜面,检验斜面角度并调整(如图 **3-55**)

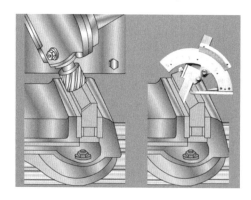

图 3-55

6. 精铣 **45°** 斜面至尺寸,倒角去毛刺(如图 **3-56**)

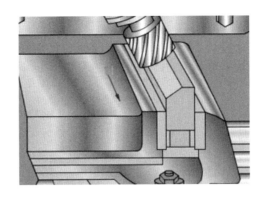

图 3-56

四、斜面加工易产生的问题

1. 斜面的角度不对

立铣头或机用平口钳调整的角度不正确,工件安装时基准面不正确,钳口与工件平面间垫有脏物,使铣出的斜面角度不正确。如图 3-57。

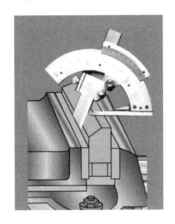

图 3-57

2. 斜面的尺寸不对

进刀时,刻度盘摇错,测量时尺寸读错或测量不正确,铣削中工件位置移动,尺寸铣错。

3. 斜面的表面粗糙度不符合要求

铣刀较钝或进给量过大,机床、夹具刚性差,铣削中产生振动,铣钢件没有使用切削液等。

五、斜面操作中注意事项

1. 铣削时注意铣刀的旋转方向是否正确。注意顺逆铣,注意进给方向,铣削时切削力应靠向机用平口钳的固定钳口。如图 3-58。

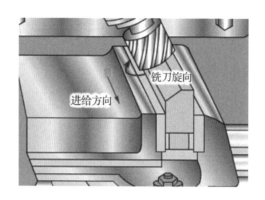

图 3-58

2. 不使用的进给机构应紧固,工作完毕后应松开。如图 3-59。

图 3-59

3. 装夹工件时注意不要夹伤已加工表面。

实践活动

1. 铣削斜面工件安装;
2. 立铣头的角度放制;
3. 铣削斜面时的铣削用量的选择;
4. 铣削斜面的加工;
5. 斜面的测量及调整。

思考与检查

1. 铣斜平面时,影响斜平面不准的原因;
2. 垂直度和平行度不符合要求的原因及解决方法。

任务评价

斜面练习评分表如表 3-2。

表 3-2 斜面练习评分表

项 目	序号	考核要求	配 分	检验与考核记录	扣 分	得 分
六面体	1	$70^0_{-0.12}$ $Ra3.2$	8+4			
	2	$35^0_{-0.08}$ $Ra3.2$	8+4			
	3	$40^0_{-0.08}$ $Ra3.2$	8+4			
斜面	4	22 ± 0.35 $Ra3.2$	6			
	5	$5°\pm10'$ $10°\pm12'$ $Ra3.2$	6×2			
	6	$90°\pm15'$ $Ra3.2$	8			
形位公差	7	// 0.08 A	10			
	8	⊥ 0.06 A C	10×2			
	9	▱ 0.05	6			
其他		违反安全文明操作	10	现场记录		
备 注	每超差 0.01mm 扣 1 分。					

任务小结

1. 铣削时切削力应靠向平口钳的固定钳口；

2. 调正立铣头后,注意锁紧螺钉；

3. 工件的基准面安装时应注意清除铁屑或脏物,以免产生斜面角度不正确；

4. 用端面铣刀铣削时应注意顺逆铣。

项目四　铣削沟槽

项目导学

❖ 能了解铣削沟槽时的刀具选择；

❖ 能掌握各种沟槽的铣削加工的方法；

❖ 能完成不同类型的沟槽零件的加工；

❖ 能完成各种沟槽的尺寸检测或测量。

模块一　铣削沟槽的刀具选择与工件安装

任务 1　铣削沟槽的刀具选择

任务目标

1. 了解直沟槽的种类；

2. 掌握铣削直沟槽的刀具选择。

任务要求

1. 根据图样选择合适的铣削直沟槽的刀具；

2. 正确安装刀具；

3. 正确校正并对刀。

安全规程

1. 注意刀具的参数选择；

2. 注意刀具的锋利程度；

3. 刀具的安装应符合相关安全规程。

知识链接

一、直角沟槽的种类

直角沟槽的种类：直角沟槽有通槽、半通槽、封闭槽等。如图 4-1。

图 4-1

二、铣削沟槽时的刀具选择

通槽用三面刃铣刀或盘形铣刀加工；半通槽或封闭槽用立铣刀或键槽铣刀加工。

1. 用三面刃铣刀加工通槽

三面刃铣刀适用于加工宽度较窄、深度较深的通槽。铣刀的选择：所选择的三面刃铣刀的宽度 B，应等于或小于所加工沟槽的宽度 B'；刀具的直径 D 应大于刀轴垫圈的直径 d 加两倍的沟槽深度 H。如图 4-2。

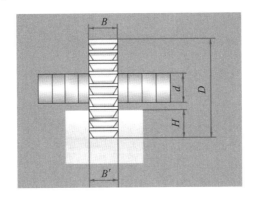

图 4-2

用三面刃铣刀铣削精度要求较高的直角沟槽时，应选择小于直角沟槽宽度的铣刀，先铣好槽深，再扩铣出槽宽。如图 4-3。

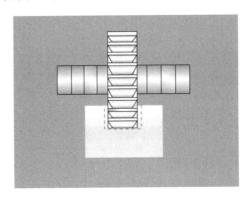

图 4-3

2. 用立铣刀加工半通槽和封闭槽

用立铣刀加工半通槽时，所选择的立铣刀直径应等于或小于沟槽的宽度。如图 4-4。

用立铣刀加工半通槽，只能由沟槽的外端铣向沟槽的里端。槽深铣好后，再扩铣沟槽两侧，扩铣时应避免顺铣，以免损坏刀具，啃伤工件。如图 4-5。

用立铣刀加工封闭槽，因为立铣刀的端面刀刃不能全部通过刀具中心，不能垂直进刀切削工件，所以铣削前应在工件上划出沟槽的尺寸位置线，并在所划沟槽长度线的一端预钻一个小于槽宽的落刀圆孔。每次进刀都由落刀孔的一端铣向沟槽的另一端。沟槽铣透后，再铣够长度和两侧面。铣削中不使用的进给机构应紧固，扩铣两侧时应避免顺铣。如图 4-6。

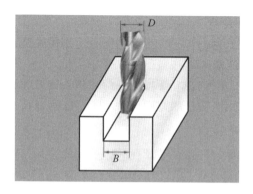

图 4-4

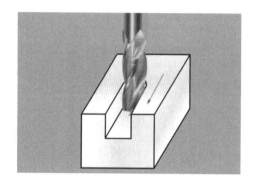

图 4-5

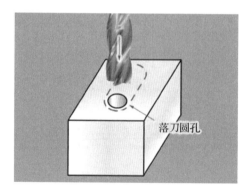

图 4-6

3. 用键槽铣刀加工半通槽和封闭槽

　　加工精度较高,深度较浅的半通槽和封闭槽时用键槽铣刀。键槽铣刀的端面刀刃能垂直进刀切削工件,所以在加工封闭沟槽时,可不必预钻落刀圆孔,由沟槽的一端分数次吃深铣出沟槽。如图 4-7。

图 4-7

实践活动

1. 分别选择不同类型的沟槽刀具；
2. 根据图样要求选择刀具。

任务 2　铣削沟槽的工件安装

任务目标

1. 掌握根据不同沟槽的零件采用不同装夹的方法；
2. 掌握正确校正零件的方法。

任务要求

1. 根据零件图样的精度要求选择合理的装夹方法；
2. 能根据不同的装夹方法进行精度校正。

安全规程

1. 安装零件应注意符合铣削加工安全规程；
2. 零件的安装要确保加工时的零件尺寸、刀具的进给及机床的加工能力要求。

知识链接

工件在平口虎钳上的安装。

1. 零件是六面体的装夹方法

一般的工件采用机用平口钳装夹。在窄长件上铣长直角沟槽时，机用平口钳的固定钳口应与铣床主轴轴心线垂直安装。如图 4-8。

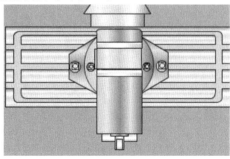

图 4-8

在窄长件上铣短直角沟槽时,机用平口钳的固定钳口应与铣床主轴轴心线平行安装,保证铣出的沟槽两侧与工件基准面垂直或平行。如图 4-9。

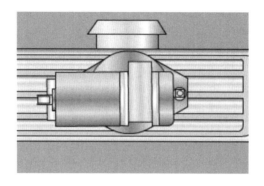

图 4-9

2. 零件是轴类零件的装夹方法

(1)用机用平口钳装夹工件,用键槽铣刀铣轴上键槽。

用平口钳装夹工件时,应校正固定钳口与铣床主轴轴心线垂直。安装工件后,用划针校正工件上母线与工作台台面平行。保证铣出的键槽两侧面和键槽底面与工件的轴心线平行。如图 4-10。

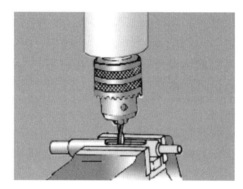

图 4-10

(2)用 V 形铁装夹工件铣轴上键槽。如图 4-11。

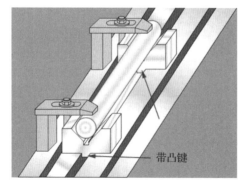

带凸键

图 4-11

用底面上带凸键的 V 形块装夹工件时,将两块 V 形块的凸键置入工作台中央 T 形槽内,靠 T 形槽侧面定位安装 V 形块。

V 形铁安装后,选择标准的圆棒或经检测直径公差符合要求的工件,放入两 V 形铁的 V 形内,用百分表校正圆棒或工件的上母线与工作台台面平行;再校正圆棒或工件的侧母线与 工作台纵向进给方向平行。这样可保证用 V 形铁定位安装的工件,铣出的键槽两侧或槽底与工件轴心线平行。如图 4-12。

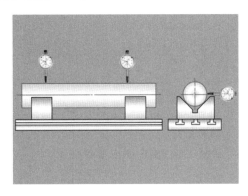

图 4-12

(3)长轴零件上的键槽零件安装。

可将工件用工作台中央的 T 形槽的倒角定位,用压板夹紧在工作台上。如图 4-13。

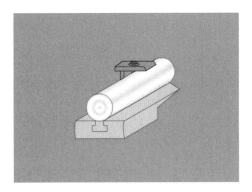

图 4-13

实践活动

1. 根据零件图样尺寸要求进行装夹;

2. 校正零件的安装精度。

模块二　铣削沟槽方法

任务 1　铣削沟槽

任务目标

1. 掌握铣削通槽的对刀方法;
2. 掌握铣削通槽的方法。

任务要求

1. 对于不同刀具进行正确对刀;
2. 能加工符合图样要求的通槽;
3. 根据图样(如图 4-14 和图 4-15)要求完成零件加工。

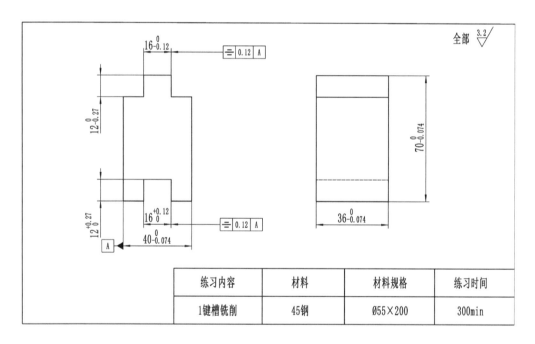

练习内容	材料	材料规格	练习时间
1键槽铣削	45钢	Ø55×200	300min

图 4-14

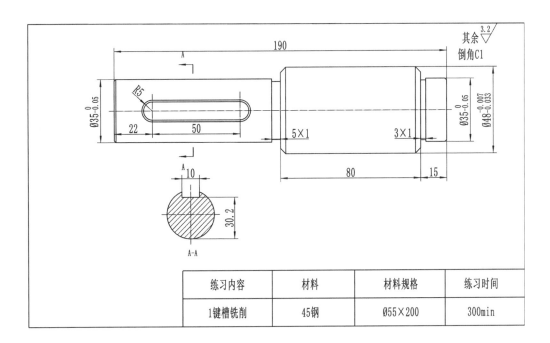

图 4-15

练习内容	材料	材料规格	练习时间
1键槽铣削	45钢	Ø55×200	300min

安全规程

1. 零件加工过程中的安全规范;

2. 铣削沟槽类零件时应注意刀具与零件的位置,防止碰伤零件;

3. 加工过程中注意切削方向;

4. 通槽铣削时应特别注意铣削快结束时的切削用量的控制。

知识链接

一、不同刀具或不同装夹方法的对刀

1. 三面刃铣刀铣削通槽时的对刀方法

（1）划线对刀

在工件上划出沟槽的尺寸、位置线,安装校正工件后,调整机床使铣刀两侧刃对准工件所划的沟槽宽度线,将不使用的进给机构紧固,铣出沟槽。如图 4-16。

（2）侧面对刀

安装校正工件后,适当调整机床,使铣刀侧面轻轻与工件侧面接触,降落工作台,移动横向进给一个铣刀宽度和工件侧面到沟槽侧面的距离之和 A,将横向进给紧固,调整切削深度铣出沟槽。如图 4-17。

用三面刃铣刀铣削精度要求较高的直角沟槽时,应选择小于直角沟槽宽度的铣刀,先铣好槽深,再扩铣出槽宽。

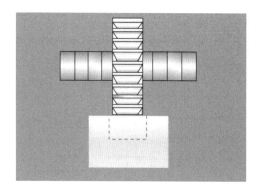

图 4-16

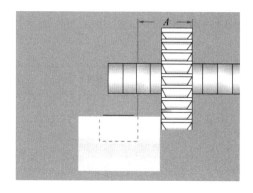

图 4-17

2. 用键槽铣刀铣轴上键槽的对刀方法

通过对刀调整,应使键槽铣刀的回转中心线通过工件轴心线。

切痕对中心法:安装校正工件后,适当调整机床,使键槽铣刀中心大致对准工件的中心,然后开动机床使铣刀旋转,让铣刀轻轻划着工件,并在工件上逐渐铣出一个宽度约等于铣刀直径的小平面。如图 4-18。

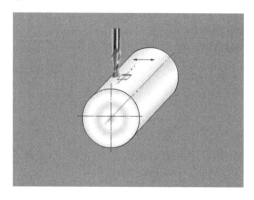

图 4-18

用肉眼观察,使铣刀的中心落在平面宽度中心上,再上升垂直进给,在平面两边铣出两个小阶台,并且使两边阶台高度一致。如图 4-19。

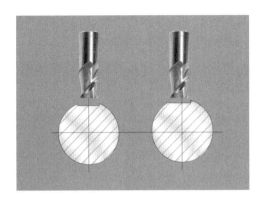

图 4-19

用游标卡尺测量对中心:安装并且校正工件后,用钻夹头夹持与键槽铣刀直径相同的圆棒,适当调整工件与圆棒的相对正确位置,用游标卡尺测量圆棒圆周面与两钳口间的距离,若 $a = a'$,则对好了中心。如图 4-20。

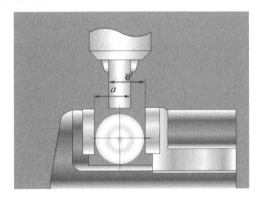

图 4-20

用杠杆百分表测量对中心:加工精度要求较高的轴上键槽时,可用杠杆百分表测量对中心。对中心时,先把工件轻轻夹紧在两钳口间,把杠杆百分表固定在立铣头主轴的下端,用手转动主轴,并且适当调整横向工作台,使百分表的读数在钳口两内侧面一致。如图 4-21。

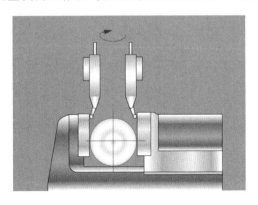

图 4-21

工件外圆直径尺寸变化对键槽中心位置的影响:用平口钳装夹成批加工轴上键槽时,工件外圆直径尺寸变化,影响键槽的中心位置。如图 4-22。

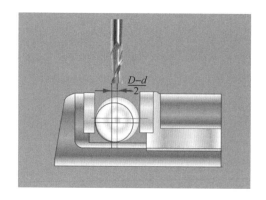

图 4-22

3. 用 V 形铁装夹工件铣轴上键槽时的对刀方法

(1)按工件的侧母线调整铣刀和工件的中心位置。如图 4-23。

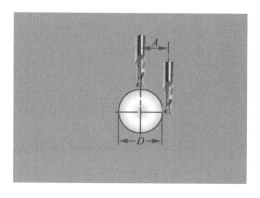

图 4-23

(2)测量对中心。如图 4-24。

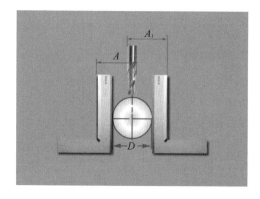

图 4-24

（3）工件外圆直径尺寸变化对键槽中心位置的影响。在卧式铣床上用盘形槽铣刀，或在立式铣床上用键槽铣刀铣轴上键槽，工件外圆直径的制造公差，只影响键槽的深度。如图 4-25。

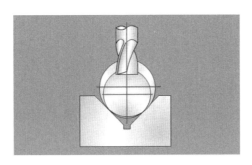

图 4-25

在卧式铣床上安装键槽铣刀用端铣加工，或在立式铣床上安装短刀轴用盘形槽铣刀加工键槽时，工件外圆直径的制造公差不但影响键槽的深度，更重要的是影响键槽两侧与工件中心的对称度。如图 4-26。

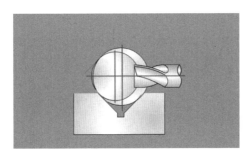

图 4-26

4. 用盘形槽铣刀铣长轴上的键槽时的对刀方法

（1）切痕对中心。如图 4-27。

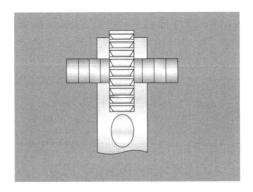

图 4-27

（2）测量对中心。如图 4-28。

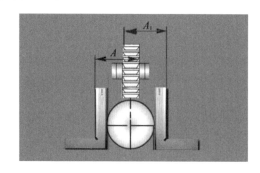

图 4-28

二、铣削键槽的方法

1．分层铣削法

铣削时，根据铣刀直径的大小，分别选择每次背吃刀量在 0.15～1mm，键槽的两端各留 0.5mm 的余量，手动进给由键槽的一端铣向另一端，然后以较快的速度退至原位，再吃刀，仍由原来一端铣向另一端。逐次铣到键槽要求的深度尺寸后，再同时铣到要求的键槽长度。如图 4-29。

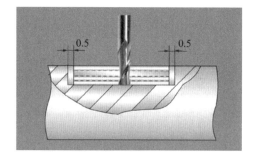

图 4-29

2．扩刀铣削法

选择外径磨小 0.3～0.5mm 的键槽铣刀，粗铣后，由键槽的中心对称扩铣键槽两侧到尺寸，并同时铣够键槽的长度。铣削时注意保证键槽两端圆弧的圆度。如图 4-30。

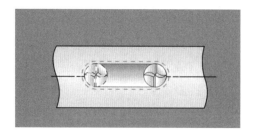

图 4-30

3. 粗精铣法

选择两把键槽铣刀，一把用于粗铣，一把用于精铣。粗铣铣刀的直径要小于键槽宽度尺寸 0.3～1mm，精铣铣刀的尺寸要经过试切验证，铣削时，键槽的深度留 0.1～0.2mm 余量，用粗铣铣刀粗铣，然后换上精铣铣刀，铣至槽的宽度、深度和长度。如图 4-31。

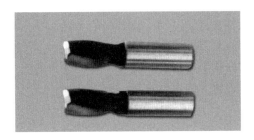

图 4-31

4. 长轴上的键槽铣削方法

铣削时，深度一次铣成，将压板压在距工件端部 60～100mm 处，由工件端部向里铣出一段槽长。如图 4-32。

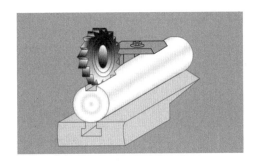

图 4-32

然后停止铣刀旋转和工作台进给，把压板移到靠近工件的端部，垫铜皮夹紧工件，再开动机床使铣刀旋转，自动走刀铣出槽长。铣削中应注意压板的位置，铣刀不要碰损压板。如图 4-33。

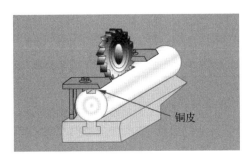

图 4-33

实践活动

1. 在六面体上分别铣削通槽和封闭槽；

2. 在轴类零件上分别铣削通槽和封闭槽。

职业常识

了解通槽和封闭槽在零件上的作用。

思考与检查

1. 铣直角沟槽的对刀方法有＿＿＿＿、＿＿＿＿。

2. 铣轴上键上键槽时的对刀方法＿＿＿、＿＿＿、＿＿＿三种。

3. 铣轴上键上键槽时的铣削方法有＿＿＿＿、＿＿＿＿。

4. 铣直角沟槽时三面刃铣刀的宽度选择＿＿＿＿＿＿。

任务评价

沟槽、直角沟槽的铣削和刀具的选择评分表如表4-1。

表4-1　沟槽、直角沟槽的铣削和刀具的选择评分表

项目	序号	检测内容	配分	检测工具	扣分标准	实测结果	得分
四方体	1	$70_{-0.074}$	7	外径千分尺			
	2	$40_{-0.074}$	7	外径千分尺			
	3	$36_{-0.074}$	7	外径千分尺			
凸台	4	$16_{-0.012}$	5	外径千分尺			
	5	$12_{-0.27}$	5	深度游标卡尺			
凹方槽	6	$16^{+0.012}$	5	游标卡尺			
	7	$12^{+0.27}$	5	游标卡尺			
花键铣削	8	$10^{+0.10}$	10	游标卡尺			
	9	50	5	游标卡尺			
	10	22	5	游标卡尺			
形位公差	11	⟍ 0.12 A	10	游标卡尺			
	12	⟍ 0.12 A	10	游标卡尺			
其他	13	倒角去毛刺	9	目测			
	14	违反安全文明生产	10	现场记录	扣2～10分		

任务小结

1. 铣削过程中应注意铣刀是否变钝,如变钝应及时更换,以防产生质量问题;

2. 不使用的进给机构应锁紧,防止工作台产生窜动;

3. 在铣削过程中,不能用口吹铁屑,以防铁屑飞入眼睛,应用毛刷清除;

4. 铣削时应注意槽的位置和尺寸精度。

任务 2　铣削 V 形沟槽

任务目标

1. 掌握 V 形沟槽的尺寸及其技术要求;

2. 掌握 V 形沟槽不同的铣削方法。

任务要求

能铣削 V 形沟槽并保证各部分尺寸精度要求。

安全规程

1. 在铣削过程中,注意保证刀具的安装并注意安全;

2. 铣削的规范操作要求。

知识链接

一、V 形沟槽的技术要求

1. V 形槽的中心平面应垂直于工件的基准面。

2. 工件的两侧面应对称于 V 形槽中心平面。

3. V 形槽窄槽的两侧面应对称于 V 形槽中心平面,窄槽的槽底面应略超出 V 形槽两侧面的延长交线。

一般 V 形槽两侧面的夹角可分为 90°、60° 和 120° 三种,其中 90° 的最为常用。

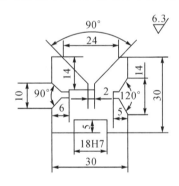

图 4-34

二、V 形沟槽的铣削方法

1. 用锯片铣刀铣削窄槽

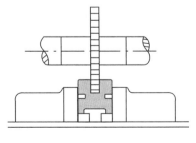

图 4-35

2. 倾斜立铣头，用立铣刀铣槽角大于或等于 90、尺寸较大的 V 形槽

图 4-36

3. 倾斜工件铣外形尺寸较小、精度要求不高的 V 形槽

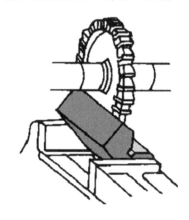

图 4-37

4. 用双角铣刀铣小于或等于 90°的小型 V 形槽

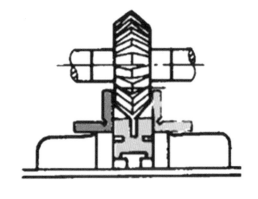

图 4-38

实践活动

1. 能根据 V 形沟槽的形状选择合适的刀具；
2. 独立安装铣刀并按图铣削相应的 V 形槽。

任务 3　铣削沟槽的注意事项

任务目标

1. 掌握沟槽的尺寸及精度要求；
2. 了解沟槽的各种铣削方法及注意事项；
3. 掌握铣削沟槽时所产生问题的解决方法。

任务要求

1. 能正确铣削各种不同类型的沟槽；
2. 能按图样要求完成零件的铣削。

安全规程

符合铣削沟槽的安全规程及文明生产的要求。

知识链接

一、铣刀铣削沟槽时的注意事项

1. 沟槽两侧与工件中心不对称。主要是对刀时对偏、扩铣两侧时将槽铣偏、测量尺寸时不正确。如图 4-39。

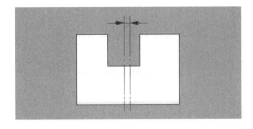

图 4-39

2. 沟槽两侧与工件侧面不平行，沟槽底面与工件底面不平行。原因是平口钳的固定钳口没有校正好，选择的垫铁不平行，装夹工件时工件没有校正好。如图 4-40。

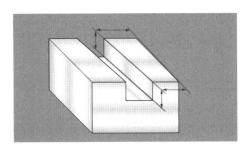

图 4-40

3. 沟槽的两侧出现凹面。由于工作台零位不准,用三面刃铣刀铣削时,沟槽的两侧出现凹面,两侧不平行。

二、铣削沟槽时易产生的问题和注意事项

1. 键槽的两侧不对称工件中心,如图 4-41。

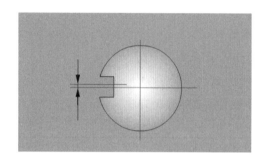

图 4-41

2. 键槽的两侧与工件轴心线不对称。工件侧母线未校正,如图 4-42。

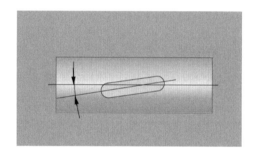

图 4-42

3. 槽底与轴心线不平行。工件上母线未校正,如图 4-43。

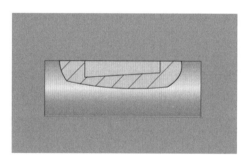

图 4-43

4. 铣刀应装夹牢固,防止铣削时松动。

5. 铣刀磨损后应及时刃磨或更换,以免铣出的键槽表面粗糙度不符合要求或铣出的键槽上下尺寸不一致。

6. 测量工件时,必须停止铣刀旋转。

模块三　沟槽测量

任务1　直沟槽的测量

任务目标

1. 掌握沟槽的尺寸检测及其他检测项目;
2. 掌握沟槽不同的检测方法。

任务要求

能检测及评价沟槽的各部分尺寸精度要求。

安全规程

1. 在检测过程中,注意保证零件的平整度并去除毛刺;
2. 量具的规范操作要求。

知识链接

一、六面体上键槽的检验方法

直角沟槽的长度、宽度、深度可分别用游标卡尺、千分尺、深度尺检验。

用杠杆百分表检验沟槽对称度时,将工件分别以 A、B 面为基准放在平板的平面上,使表的触头触在沟槽的侧面上,来回移动工件,观察表的指针变化情况。若两次测得的数字一致,则沟槽两侧对称于工件中心。如图 4-44。

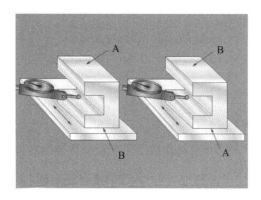

图 4-44

二、轴上键槽的检测方法

1. 塞规或塞块检测键槽宽度。
2. 游标卡尺、千分尺、深度游标卡尺检测键槽其他尺寸、键槽长度及键槽深度尺寸。如图 4-45。

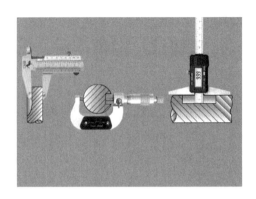

图 4-45

3. 百分表检测键槽两侧与工件轴心线的对称度。用百分表检测塞块的 A 面与工作台台面平行,记住表的读数,然后将工件转动180°,使塞块的 B 面在上,用百分表检测塞块的 B 面与工作台台面平行,仍记住表的读数,两次读数差值的一半,就是键槽两侧与工件轴心线 的对称度误差。如图 4-46。

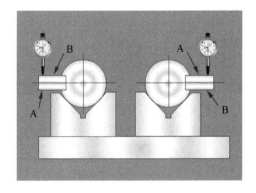

图 4-46

实践活动

1. 能根据沟槽的形状选择合适的量具;

2. 独立检测键槽的基本尺寸及根据精度要求对零件进行形位公差的检测。

任务 2　V 形沟槽的测量

任务目标

1. 掌握 V 形沟槽的尺寸检测及其他检测项目;

2. 掌握 V 形沟槽不同的检测方法。

任务要求

能检测及评价 V 形沟槽的各部分尺寸精度要求。

安全规程

1. 在检测过程中,注意保证零件的平整度并去除毛刺;

2. 量具的规范操作要求。

知识链接

一、V 形槽的宽度检验方法

1. 用游标卡尺直接检测槽宽 B，虽检测简便，但检测精度较差。

2. 用标准量棒间接检测槽宽 B，先测得尺寸 h，再根据计算公式确定 V 形槽宽 B。

$$B=2\tan\frac{\alpha}{2}\left[\frac{R}{\sin\frac{\alpha}{2}}+R-h\right]$$

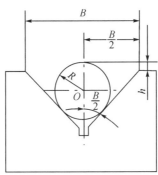

图 4-47

式中：R——标准量棒半径，mm；

α——V 形槽槽角，(°)；

h——标准量棒上素线至 V 形槽上平面的距离，mm。

二、V 形槽的槽角 α 检验方法

1. 用测量棒间接测量槽角 α：先后用两根不同直径的圆棒进行间接检测，分别测得尺寸 H 和 h，根据公式计算：

$$\sin\frac{\alpha}{2}=\frac{R-r}{(H-R)-(h-r)}$$

$$\frac{\alpha}{2}=180°-A(\text{或}\ B)$$

式中：R——较大标准量棒的半径，mm；

r——较小标准量棒的半径，mm；

H——较大标准量棒上素线至 V 形垫铁底面的距离，mm；

h——较小标准量棒上素线至 V 形垫铁底面的距离，mm。

2. 用万能角度尺间接测量。

三、V 形槽的对称度检验方法

将 V 形槽中心放一标准量棒，分别以 V 形块的两侧面为基准放在平板上，用杠杆百分表检测槽内量棒的最高点，两次检测的读数之差，即为其对称度误差。

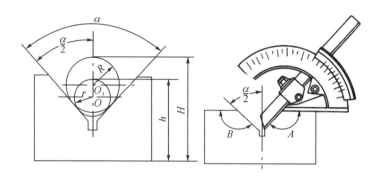

图 4-48

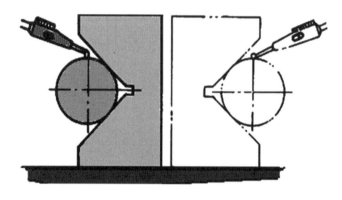

图 4-49

实践活动

1. 能根据 V 形沟槽的形状选择合适的量具；
2. 独立检测 V 形槽的基本尺寸及根据精度要求对零件进行形位公差的检测。

项目五　铣削孔类零件

❖ 能了解铣削孔类的刀具种类及其选择；
❖ 能掌握各种平面孔类的铣削加工的方法；
❖ 能完成孔类零件的加工；
❖ 能完成各种孔的质量检测。

模块一　铣削孔类刀具的选择与安装

任务 1　钻孔、扩孔和铰孔

任务目标

1. 了解常用孔加工刀具的种类及应用；
2. 了解孔加工刀具的几何角度及适用场合。

任务要求

1. 能根据加工内容的不同选择合适的孔加工刀具；
2. 刀具的正确安装与调试；
3. 选择合适的安装工件的夹具并校正。

安全规程

1. 安装刀具或工件时注意切断电源；
2. 确保刀具和工件的安装牢固并能按要求进行校正。

知识链接

加工孔是在工件的内部进行的，在加工过程中观察加工情况，测量加工尺寸、清除切屑、注入冷却液等都难于进行，加工质量较难控制。

用钻头在实体材料上加工孔的方法叫钻孔，孔的加工首先必须有麻花钻在工件上进行钻孔。如图 5-1。

一、铣削孔类零件的常用刀具种类

1. 麻花钻的几何形状

麻花钻的组成：麻花钻是由柄部、颈部和工作部分这三分部分所组成。麻花钻头的工作部分是钻头的主要部分，由切削部分和导向部分组成，起切削和导向作用。如图 5-1。

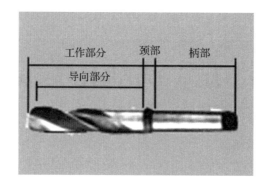

图 5-1

麻花钻的切削部分主要有二条主切削刃、一条横刃、二个主后刀面和二个前刀面组成。如图 5-2。

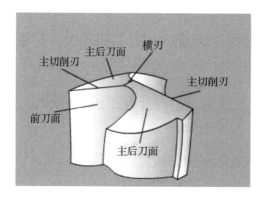

图 5-2

麻花钻顶角(2κr)钻头两主切削刃之间的夹角为 118°。如图 5-3。

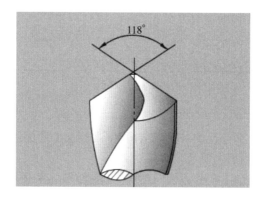

图 5-3

麻花钻的横刃:钻头两主切削刃的连接线,横刃斜角一般为 55°。如图 5-4。

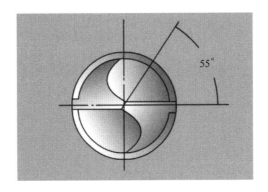

图 5-4

2. 扩孔钻

扩孔钻专门用来扩大已有孔,齿数比麻花钻多($z>3$),容屑槽较浅,无横刃,强度与刚度较高。切削性能和导向性能较好。

(1)高速钢整体扩孔钻(如图 5-5)

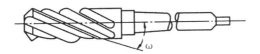

图 5-5

(2)高速钢镶齿套式扩孔钻(如图 5-6)

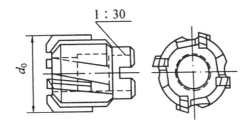

图 5-6

(3)硬质合金镶齿套式扩孔钻(如图 5-7)

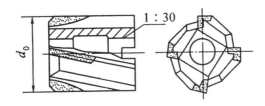

图 5-7

3. 锪钻

锪钻(如图5-8),用于加工各种螺钉沉孔、锥孔和凸台面等。

(1)圆柱形沉头孔锪钻

(2)锥形沉头锪钻

(3)端面凸台锪钻

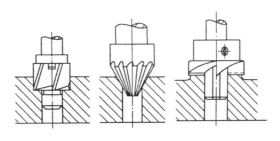

图 5-8

4. 铰刀

铰刀用于孔的精加工或半精加工,铰刀齿数多,导向好,刚性大,所以铰孔后孔的公差等级可达IT6~IT7级,甚至IT5级。表面粗糙度可达 $Ra1.6\sim0.4\mu m$,所以铰刀得到了广泛的应用。铰刀的基本类型有以下几种:

(1)直柄手用铰刀直柄(如图5-9)

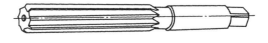

图 5-9

(2)尺寸可调可铰刀(如图5-10)

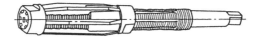

图 5-10

(3)直柄机用铰刀(如图5-11)

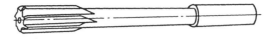

图 5-11

(4)锥柄机用铰刀(如图5-12)

图 5-12

（5）套式机用铰刀（如图 5-13）

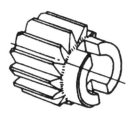

图 5-13

（6）硬质合金机用铰刀（如图 5-14）

图 5-14

5．镗刀

镗刀是对工件已有孔进行再加工的刀具。镗孔是常用的加工方法,其加工范围很广,可进行粗精加工。镗刀的种类很多,可分为以下几种:

（1）机夹式单刃镗刀

机夹式镗刀具有结构简单、制造方便、通用性好等优点。但镗刀尺寸调节较费时,调节精度不宜控制。

1）不通孔镗刀（如图 5-15）

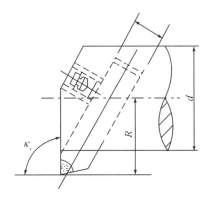

R-切削半径　d-全营孔刀刀杆直径　K_r-主偏角
图 5-15

2）通孔镗刀（如图5-16）

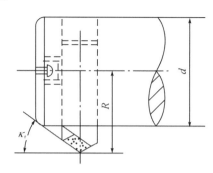

R-切削半径　d-全营孔刀刀杆直径　K_r-主偏角

图 5-16

3）单刃可调通孔镗刀（如图5-17）

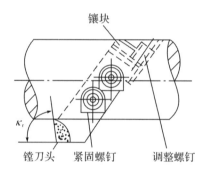

图 5-17

（2）微调镗刀头

微调镗刀头具有调节尺寸容易、调节精度高等优点，主要用于精加工。如图5-18。

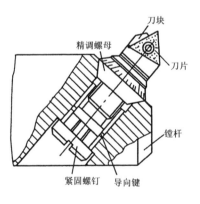

图 5-18

（3）装配式双刃浮动镗刀

装配式双刃浮动镗刀如图5-19所示，安放在镗杆方孔中的刀块通过作用在两侧切削刃上的切削力自动平衡其切削位置，因此它可以自动补偿由于镗杆径向跳动而引起的加工误差，从而获得较高的加工精度和较低的表面粗糙度。

二、铣床上安装孔类加工刀具

铣床上安装镗孔类的刀具时，由于铣床上的主轴孔都配备有标准的主轴刀柄，所以一般可以直接安装上去。只是在安装过程中要注意刀具的长短，是否与工件或夹具碰撞，并要确保安装牢固。

三、在铣床上钻孔

1. 钻孔所达到的孔的精度

（1）孔的尺寸精度一般达到 IT11～IT12，这主要是指孔的直径及孔的深度；

（2）孔的形状精度是孔的圆度、圆柱度和孔的轴线的直线度；

（3）孔的位置精度是指孔与孔之间的同轴度、平行度和与基准的垂直度；

（4）钻孔的表面粗糙度一般可达到 $6.3\sim12.5\mu\mathrm{m}$。

2. 钻孔时的切削用量（如图 5-19）

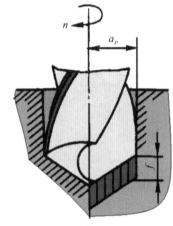

图 5-19

（1）切削速度

$$v_c=\frac{\pi d n}{1000}$$

（2）进给量

$$f=2fz$$

（3）切削深度

$$a_P=\frac{d}{2}$$

3. 钻孔时工件的装夹方法（如图 5-20）

（1）在工作台上采用压板安装工件

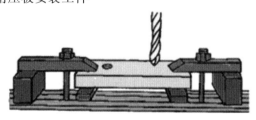

图 5-20

（2）在平口钳上装夹工件（如图 5-21）

图 5-21

（3）在分度头上装夹工件（如图 5-22）

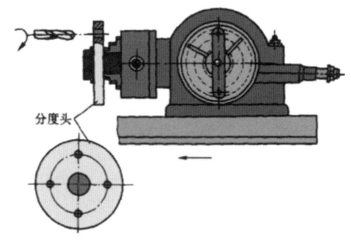

分度头

图 5-22

（4）在回转工作台上安装工件（如图 5-23）

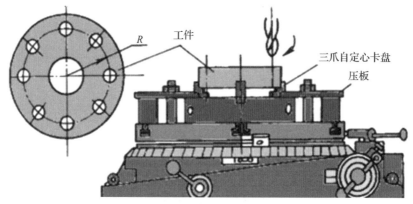

R　工件　三爪自定心卡盘　压板

图 5-23

4. 钻孔的对刀方法

(1)划线找正钻孔(如图 5-24)

图 5-24

(2)靠刀法钻孔(如图 5-25)

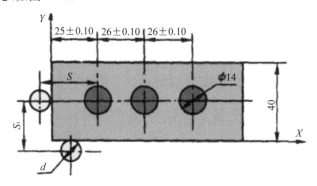

图 5-25

四、在铣床上铰孔

铰孔是用铰刀在工件孔壁上切除微量的金属层,以提高其尺寸精度并减小其表面粗糙度的方法。

铰孔是普遍应用的孔的精加工方法之一,其尺寸经济精度可达 IT7~IT9,表面粗糙度 Ra 值可小于 $1.6\mu m$。

铰孔前的孔加工,一般要先经过钻孔、扩孔,要求较高的孔,在钻孔、扩孔的基础上进行镗孔后再进行铰孔,有些精度较高的孔还分粗铰和精铰。

铰孔余量的确定,一般根据加工材料、加工精度、表面粗糙度以及铰孔的类型等因素,选择相应的切削余量,具体的铰孔余量可参照表 5-1。

表 5-1

孔径/mm	≤6	>6~10	>10~18	>18~30	>30~50	>50~80	>80~120
粗铰余量/mm	0.10	0.10~0.15	0.10~0.15	0.15~0.20	0.20~0.30	0.35~0.45	0.50~0.60
精铰余量/mm	0.04	0.04	0.05	0.07	0.07	0.10	0.15

注:如仅用一次铰孔,信息量为表中粗精铰余量之和。

而铰削用量也根据刀具的不同材料选用相应的切削用量,具体可参照表5-2。

表 5-2

铰刀材料		切削速度 v_c(mm/min)	进给量 f(mm/r)
高速钢	铸铁	≤10	≤0.8
	钢件	≤8	≤0.4
硬质合金		8～14	0.3～1.0

实践活动

1. 安装和调整铣削孔类刀具;
2. 合理选用切削用量。

思考与检查

1. 孔加工的主要困难是_____、_____和_____。
2. 最广泛使用的孔加工刀具是_____。
3. 中心钻的三种结构形式是_____、_____和_____。
4. 一般使用铰刀铰孔后,孔的精度等级可达_____,表面粗糙度可达_____。
5. 镗孔需要精确控制孔的尺寸时,应采用_____镗刀。

任务 2 镗削孔类零件

任务目标

1. 了解在铣床上镗孔所用的工具及其使用方法;
2. 掌握镗削刀具的安装及调整方法;
3. 掌握镗孔的加工方法。

任务要求

1. 会选用和安装刀具;
2. 会加工不同要求的孔类零件。

安全规程

1. 刀具安装时注意刀具的锋利性,防止碰伤;
2. 工件安装要定位正确并牢固装夹。

知识链接

一、划线和钻孔

划出孔的中心线和轮廓线,并在孔中心打样冲眼,然后把工件装夹在铣床工作台上,装夹时应注意把工件垫高、垫平。用钻头钻出直径 40 ～45mm 的孔(先用直径为 20 ～25mm 的钻头钻孔,然后扩钻到要求),也可在钻床上完成钻孔后再将工件装夹到铣床上。如图 5-26。

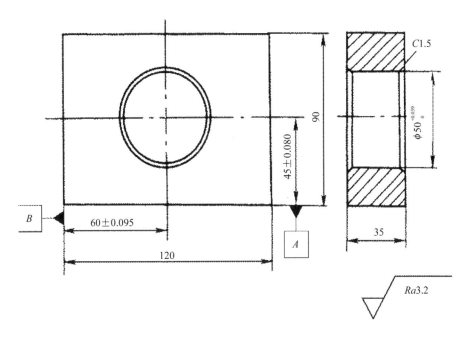

图 5-26

二、选择镗刀杆和镗刀头截面尺寸

一般镗刀的刀杆可根据孔径的不同选择合适的刀杆直径,具体可参考表 5-3。

表 5-3

孔径	30～40	40～50	50～70	70～90	90～120
镗刀杆直径	20～30	30～40	40～50	50～65	65～90
镗刀头截面尺寸 $a×a$	8×8	10×10	12×12	16×16	16×16 20×20

三、检查机床主轴或立铣头主轴轴线位置

机床主轴或立铣头主轴轴线应与垂直进给方向平行(即与机床工作台台面垂直),若平行度(或垂直度)误差大,镗出的孔圆度误差大,孔呈椭圆形。检查时,主轴轴线对工作台台面的垂直度误差在 150mm 范围内应不大于 0.02mm。

四、切削用量选择

切削用量随刀具材料、工件材料以及粗、精镗的不同而有所区别。粗镗时的切削深度 a_p 主要根据加工余量和工艺系统的刚度来决定。镗孔的切削速度可比铣削略高。镗削钢等塑性较好的材料时还需充分浇注切削液。

五、对刀

1. 按划线对刀

调整时,在镗刀顶端用油脂黏一颗大头针,并使镗刀杆轴线大致对准孔的中心,然后用手慢慢转动主轴,把针尖拨到靠近孔的轮廓线,同时移动工作台,使针尖与孔轮廓线间的间

隙尽量均匀相等。

2. 用靠镗刀杆法对刀（图 5-27）

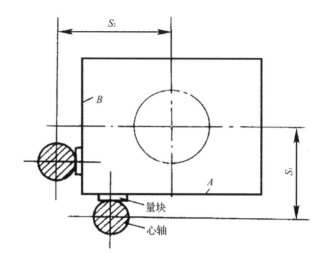

图 5-27

3. 用测量法对刀

（1）用心轴和深度尺测量进行对刀。（图 5-28）

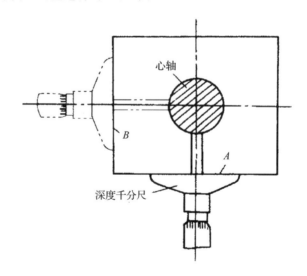

图 5-28

（2）用壁厚千分尺测量孔与端面间的距离进行对刀。（图 5-29）

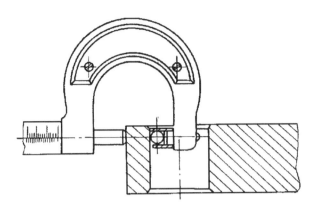

图 5-29

4. 用寻边器对刀（图 5-30）

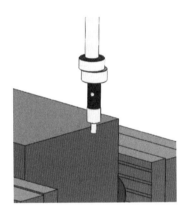

图 5-30

六、孔径尺寸的控制

在铣床上镗孔时,孔径的控制主要采用游标卡尺(a)和百分表(b)的测量来控制刀头的敲出量,这需要有一定经验和耐心(如图 5-31)。

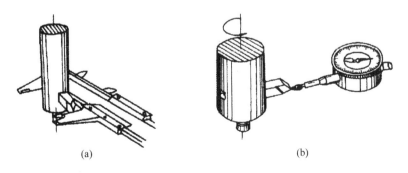

　　　　　(a)　　　　　　　　　　　　　　　(b)

图 5-31

七、镗孔

在镗刀与工件的相对位置调整好后,应将铣床的纵向与横向运动锁紧,然后开始镗孔。镗孔分粗镗与精镗:粗镗时,单边留 0.3mm 左右的精镗余量,粗镗结束后,换上调整好的精镗刀杆,精镗至规定要求。

实践活动

1. 根据图样加工孔类零件;
2. 采用不同的对刀方法熟练进行对刀。

任务评价

孔类零件评分表如表 5-4。

表 5-4　孔类零件评分表

项目	序号	检测内容	配分	检测工具	扣分标准	实测结果	得分
孔	1	$40^{+0.039}_{0}$	10	塞规			
	2	$50^{+0.039}_{0}$	10	塞规			
长度	3	$60^{\pm0.095}_{0}$	10	外径千分尺			
	4	$45^{\pm0.08}_{0}$	10	深度游标卡尺			
	5	120	5	内径千分尺			
	6	90	5	内径千分尺			
	7	35	5	游标卡尺			
形位公差	8	0.12 A	15	角尺塞尺			
	9	0.12 B	15	游标卡尺			
其他	10	倒角去毛刺	5	目测			
	11	违反安全文明生产	10	现场记录			

模块二　孔类零件质量分析

任务　孔类零件的质量分析

任务目标

1. 掌握孔类零件产生质量问题的原因;
2. 通过分析孔类零件的质量问题,掌握解决方法。

任务要求

1. 能根据所加工的零件进行评价;
2. 能找出产生尺寸偏差的原因,并说出应如何避免。

安全规程

1. 特别注意零件上的毛刺,以免划伤;

2. 量具的规范运用与摆放。

知识链接

一、钻孔时产生的问题与产生的原因（表5-5）

表 5-5

质量问题	产生原因
孔大于规定尺寸	1. 钻头两切削刃长度不等,高低不一致 2. 立铣头主轴径向偏摆或工作台未锁紧有松动 3. 钻头本身弯曲或装夹不好,使钻头有过大的径向跳动现象
孔壁粗糙	1. 钻头不锋利 2. 进给量太大 3. 切削液选用不当或供应不足 4. 钻头过短,排屑槽堵塞
孔位偏移	1. 工件划线不正确 2. 钻头横刃太长定心不准,起钻过偏而没有校正
孔歪斜	1. 工作上与孔垂直的平面与主轴不垂直或立铣头主轴与台面不垂直 2. 工件安装时,安装接触而上的切屑未清除干净 3. 工作不牢,钻孔时产生的歪斜,或工件有砂眼 4. 进给量过大使钻头产生弯曲变形
钻孔呈多角形	1. 钻头后角太大 2. 钻头两主切削刃长短不一,角度不对称
钻头工作部分折断	1. 钻头用钝仍继续钻孔 2. 钻孔时未经常退钻排屑,使切屑在钻头螺旋槽内阻塞 3. 孔将钻通时没有减少进给量 4. 进给量过大 5. 工件未夹紧,钻孔时产生松动 6. 在钻横铜一类的软金属时,钻头后角太大,前角又没有修磨小造成扎刀

二、铰孔的质量分析（表5-6）

表 5-6

质量问题	产生原因
表面粗糙度值太大	1. 铰刀刃口不锋利或有崩裂,铰刀切削部分和校准部分不光洁 2. 铰刀切削刃上粘有积屑瘤,容屑槽内切屑粘积过多 3. 铰削余量太大或太小 4. 切削速度太高,以致产生积屑瘤 5. 铰刀退出时反转 6. 切削液选择不当或浇注不充分 7. 铰刀偏摆过大

续表

质量问题	产生原因
孔径扩大	1. 铰刀与孔的中心不重合,铰刀偏摆过大 2. 铰削余量和进给量过大 3. 切削速度太高,铰刀温度上升导致直径增大 4. 操作者粗心,未仔细检查铰刀直径和铰孔直径
孔径缩小	1. 铰刀超过磨损标准,尺寸变小仍继续使用 2. 铰刀磨钝后继续使用,造成孔径过度收缩 3. 铰削钢料时加工余量太大,铰后内孔弹性变形恢复,使孔径缩小 4. 铰铸铁时加了煤油
孔轴线不直	1. 铰孔前的预加工孔不直,铰小孔时由于铰刀刚度小,未能纠正原有的弯曲 2. 铰刀导向不良,使铰削时方向发生偏歪
孔呈多菱形	1. 铰削余量太大和铰刀刀刃不锋利,使铰削时发生"啃切"现象,产生振动而出现多菱形 3. 机床主轴振摆太长

三、镗孔的质量分析（表 5-7）

表 5-7

质量问题	产生原因	防止措施
表面粗糙度值大	1. 刀尖角或刀尖圆弧半径太小 2. 进给量过大 3. 刀具磨损 4. 切削液使用不当	1. 修磨刀具,增大刀尖弧半径 2. 减小进给量 3. 修磨刀具 4. 合理选择及使用切削液
孔呈椭圆形	立铣头"零"位不准,并用升降台垂向进给	重新校正立铣头"零"位
孔壁产生振纹	1. 镗刀杆刚度差,刀杆悬伸太长 2. 工作台进给爬行 3. 工件夹持不当	1. 选择合适镗刀杆,镗刀杆另一端尽可能增加支承 2. 调整机床塞铁并润滑导轨 3. 改进夹持方法或增加支承面积
孔壁有划痕	1. 退刀时刀尖背向操作者 2. 主轴未停稳,快速退刀	1. 退刀时将刀尖拨转到朝向操作者 2. 主轴停止转动后再退刀
孔径尺超差	1. 镗刀回转半径调整不准 2. 测量不准 3. 镗刀产生偏让	1. 重新调整镗刀回转半径 2. 仔细测量 3. 增加镗刀杆刚度
孔呈锥形	1. 切削过程中刀具磨损 2. 镗刀松动	1. 修磨刀具,合理选择切削速度 2. 安装刀头时要紧固螺钉

续表

质量问题	产生原因	防止措施
孔的轴线歪斜（与基准面的垂直度误差太大）	1. 工作定位基准选择不当 2. 装夹工件时，清洁工作未做好 3. 采用主轴进给时，"零"位未校正	1. 选择合适的定位基准 2. 装夹时做好基准面与工作台台面的清洁工作 3. 重新校正主轴"零"位
圆度误差大	1. 工件装夹变形 2. 主轴回转精度差 3. 立镗时，工作台纵、横向进给未紧固 4. 镗刀杆、镗刀弹性变形	1. 薄壁工件装夹要适当；精镗时，应重新压紧，并注意适当减小压紧力 2. 检查机床，调速主轴精度 3. 工作台不进给的方向应紧固 4. 增加镗刀杆、镗刀的刚度；选择合理的切削用量
平行度误差大	1. 不在一次装夹中镗几个平行孔 2. 在钻孔和粗镗时，孔已不平行，精镗时镗刀杆产生弹性偏让 3. 定位基准面与进给方向不平行，使镗出的孔与基准不平行	1. 在一次装夹中镗削所有轴线平行的孔；至少要采用同一个基准面 2. 提高钻孔、精镗的加工精度；增加镗刀杆的刚度 3. 精确校正基准面

项目六　铣削齿轮

项目导学

❖ 学会直齿圆柱齿轮的仿形法的加工方法；

❖ 学会直齿圆柱齿轮的有关计算；

❖ 学会正确选择铣刀和切削用量；

❖ 学会直齿圆柱齿轮测量方法。

模块一　铣削直齿轮

任务1　选择并安装铣削直齿轮刀具

任务目标

1. 能看懂直齿轮零件图；

2. 能根据零件图进行齿轮的相关计算；

3. 能根据零件图选择合适的刀具并安装。

任务要求

1. 能正确选择铣刀和铣削直齿圆柱齿轮；

2. 能按图样要求检测直齿圆柱齿轮的各项精度。

安全规程

1. 在安装工件时,必须切断电源或关闭电源开关；

2. 注意夹紧工件,防止工件掉落飞出；

3. 注意百分表等工量具的放置位置；

4. 在加工过程中,不能用手摸工件表面及用手清除铁屑。

知识链接

一、图纸分析

1. 熟悉齿轮的加工要求;如模数,齿数,齿形角,加工精度和表面粗糙度等技术要求。并检查练习件齿坯尺寸。

2. 按图纸分析加工工艺加工路线(图6-1)。

(1)直齿圆柱齿轮的尺寸计算；

(2)齿轮铣刀的选择及安装；

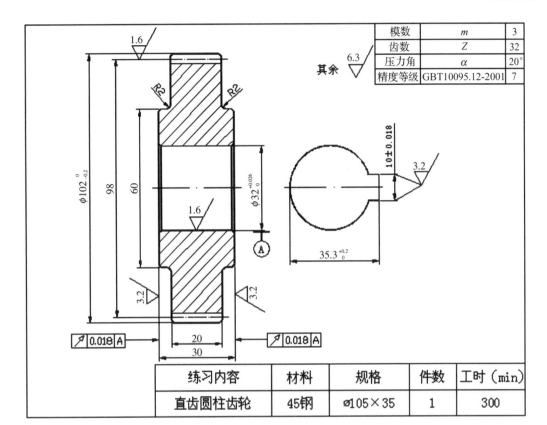

图 6-1

（3）直齿圆柱齿轮的铣削。

a.齿轮的安装、校正；

表 6-1　直齿圆柱齿轮各部名称和基本计算表

名称	代号	计算公式
模数	m	$m=\dfrac{p}{\pi}=\dfrac{d}{z}=\dfrac{d_a}{z+2}$
齿距	p	$p=\pi m=\dfrac{\pi d}{z}$
齿数	z	$z=\dfrac{d}{m}=\dfrac{\pi d}{p}$
分度圆直径	d	$d=mz=d_a-2m$
齿顶圆直径	d_a	$d_a=m(z+2)=d+2m=\dfrac{p}{\pi}(z+2)$
齿根圆直径	d_f	$d_f=d-2.5m=m(z-2.5)=d_a-4.5m$
齿顶高	h_a	$h_a=m=\dfrac{p}{\pi}$
齿根高	h_f	$h_f=1.25m$
齿高	h	$h=2.25m$
齿厚	s	$s=\dfrac{p}{2}=\dfrac{\pi m}{2}$

b.齿轮铣削的切削余量、进给量确定；

c.直齿轮的铣削。

4）直齿圆柱齿轮的测量。

a.齿厚游标卡尺的检测方法；

b.公法线千分尺的检测方法。

二、加工圆柱直齿齿轮准备工作

1. 直齿圆柱齿轮各部名称和基本计算(表 6-1)

周节　(P)——相邻两个齿的对应点在分度圆上的弧长；

齿宽　b——齿轮轮齿部分的长度；

齿厚　S——一个轮齿在分度圆周上所占的弧长；

全齿高　h——齿顶圆至齿根圆的垂直距离。

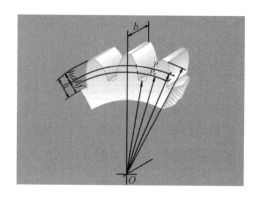

图 6-2

以图 6-2 为例：

加工一圆柱直齿齿轮，$a_p=20°$，模数 $m=3$mm，齿数 $z=32$，求各部尺寸。

齿顶圆直径 d_a

$$d_a = m(z+2)$$
$$d_a = 3×(32+2)=102(mm)$$

分度圆直径：$d = mz$
$$=3×32=96(mm)$$

底径：$d_f=m(z-2.5)$
$$=3×(32-2.5)=88.5(mm)$$

全齿高：$h=h_a+h_f=1m+1.25m$
$$=2.25×3=6.75(mm)$$

2. 分度计算与调整

孔板选择

$$n=\frac{40}{z}=\frac{40}{32}=1\frac{6}{24}$$

式中：n——分度头转过圈数。

以上说明，分度时的分度手柄在 24 孔圈数中应转过 6 个孔距，故将分度叉（扇形板）调节为 24 孔圈数中的 6 个孔距(或 7 个孔距)。如图 6-3。

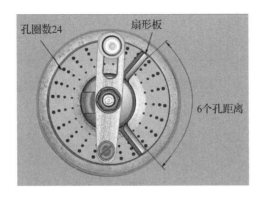

图 6-3

分度盘孔数及配换齿轮如表 6-2 所示。

表 6-2　分度盘孔数及配换齿轮表

孔数	1	2	3	4	5	6	7	8	9	10	11
第一面	24	25	28	30	34	37	38	39	41	42	43
第二面	47	47	49	51	53	54	57	58	59	62	66
配换齿轮齿数	25　30　35　40　45　50　55　60　70　80　90　100										

3. 选择铣刀

在卧式铣床上采用仿形法加工齿轮,是利用刀刃形状和齿槽形状基本相同的刀具来切制齿形。

如图 6-4 所示的齿轮铣刀的齿截形,是一组八把的盘形齿轮铣刀刀齿截形。

盘形齿轮铣刀已形成标准化,铣刀的选择是按照齿轮模数 m 和齿数 z,在盘形齿轮铣刀刀号表中(表 6-3)即可对应查出。

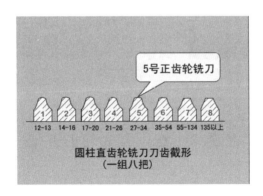

图 6-4

表 6-3　8 把一组的盘形齿轮铣刀刀号数表

刀号	1	2	3	4	5	6	7	8
所铣齿轮齿数	12～13	14～16	17～20	21～25	26～34	35～54	55～134	135～∞

　　例题：加工齿轮，齿数 $z=32$，模数 $m=3$ 毫米，齿形角 $a=20°$ 的圆柱齿轮，(查表)应选用一把 5 号齿轮铣刀。如图 6-5。

图 6-5

4. 安装铣刀

　　铣刀安装刀轴上，位置应尽量靠近主轴，以增加铣刀安装刚性。并要注意主轴的旋转方向与对齿的切向的对应相同。如图 6-6。

靠近主轴

图 6-6

任务 2　铣削直齿轮的方法

任务目标

1. 能正确进行刀具的对中；
2. 能根据零件图进行铣削加工齿轮；
3. 能正确测量齿轮的各项精度。

任务要求

1. 掌握齿轮的加工方法；

2. 掌握测量齿轮的精度。

安全规程

1. 加工过程中注意刀具的安装是否牢固；

2. 铣削齿轮时注意工件的安装是否正确；

3. 铣削时应注意操作规程。

知识链接

一、检查齿坯并安装

1. 按图齿顶圆直径 $d_a = 102$mm，用游标卡尺测量，同时对内径也应检查。如图 6-7。

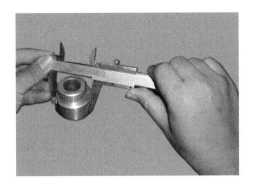

图 6-7

2. 检查齿坯形位精度。

(1)校正轮坯端面和齿坯轴线的垂直度等，不符合图样要求的齿坯，不予加工。如图 6-8。

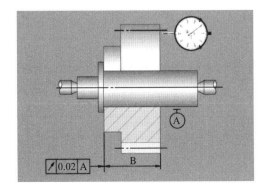

图 6-8

(2)校正齿顶圆的径向跳动。如图 6-9。

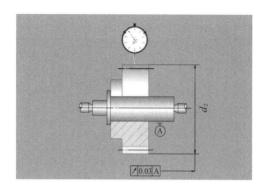

图 6-9

　　分度头,分度手柄转数的计算与调整,为保证齿距的正确和均匀,要计算和调整分度头手柄的转数,一定要正确无误(计算和调整参照表 6-2)。计算和调整参照图 6-10。

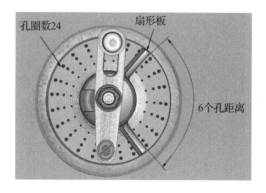

图 6-10

　　3. 刀具对中心,使铣刀廓形的对称平面对准齿坯的中心,方法如下。

　　(1)划线法对中心

　　在齿坯的圆柱面上划线,如图 6-11。调整划线针,使其低于(或高于)轮坯中心,划出 AB 线段。

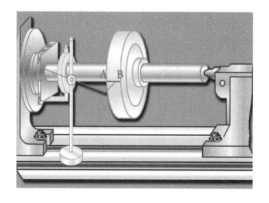

图 6-11

将齿坯转 180°,相应地移动划线盘在其划线一侧位置,再在齿坯的 AB 线的一侧划出线段 CD。如图 6-12。

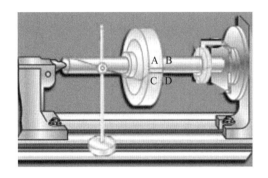

图 6-12

然后将齿坯上的 AB 线和 CD 线转到上面(转过 90°),通过目测方式调整工作台,使铣刀调整到位于两线中间即可。铣出一条浅痕,若浅痕居于两线之中,即可铣削。如偏斜,再调横向工作台,直至铣出的槽在两线中间。如图 6-13。

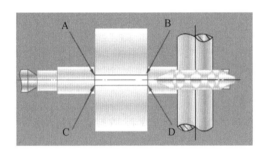

图 6-13

(2)切痕法对中心

上升工作台,使齿坯稍微碰到铣刀,进行一次横向进给,在齿坯上切出一椭圆。目测调整工作台使旋转的铣刀尽量对准椭圆中心。将工作台上升 0.05~0.1mm 后,进行纵向进给,使椭圆处铣出一条细痕。观察细痕是否居中。若切痕不居中,则再次移动横向工作台进行重新调整,直到居中。如图 6-14。

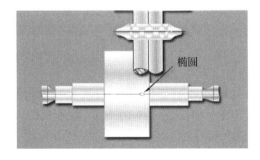

图 6-14

4. 调整切削用量。

(1)调整主轴转数 n，铣削钢材零件时：

$$n＝95～150 \text{ 转/分}$$

(2)调整进给速度 v_f，铣削钢材零件时：

$$v_f＝60～75 \text{ 毫米/分}$$

二、铣削齿轮

1. 试铣

将工件圆柱表面铣一周的浅刀痕，然后检查刀痕数是否与所铣齿数（32 齿）相同。如图 6-15。

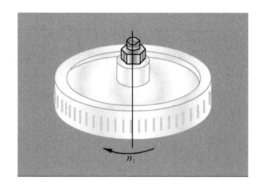

图 6-15

2. 铣削深度

对于齿面的表面粗糙度要求不高的或模数较小的齿槽，可一次进给铣出全齿深（2.25m）。如图 6-16。

图 6-16

全齿深 $h＝6.75\text{mm}$ 可分为二次进给铣出全齿深，先行完成全部 32 齿的粗加工，再行精加工。粗加工应为精加工留出 0.5mm 左右的余量，精加工时，应按照各种测量方式下的补充进刀值，来调整铣削。如图 6-17。

精加工试铣完第一齿后，要进行齿厚的检测，检测合格后，再依次分度铣完其余各齿。

齿轮齿厚：$s＝\dfrac{\pi m}{2}＝\dfrac{3.14 \times 3}{2}＝4.71\text{mm}$

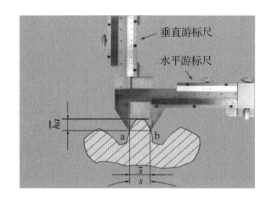

图 6-17

在实际中,为了保证齿面的表面粗糙度和齿厚精度等达到要求,往往分粗铣和精铣。精铣时根据粗铣后的实际余量 a 再作第二次进刀。如图 6-18。

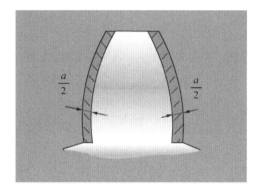

图 6-18

3. 分度圆弦齿厚的测量

$$\bar{s} = m \cdot z \cdot \sin\frac{90°}{z}$$

$$\bar{h}_a = m\left[1 + \frac{z}{2}\left(1 - \cos\frac{90°}{z}\right)\right]$$

式中:$\bar{s}$——分度圆弦齿厚,毫米;

z——所铣齿轮的齿数;

$\bar{h}_a$——分度圆弦齿高,毫米。

用查表法求得弦齿厚 $\bar{s}$ 和弦齿高 $\bar{h}_a$(见附表 1)

按所铣齿轮齿数从表中查得 $k\bar{s}$ 和 K。

例:齿轮 $m=3$,齿数 $z=32$,求 $\bar{s}$ 和 $\bar{h}$。

解:查表一 得 $k\bar{s}=1.5702, k\bar{h}_a=1.0193$

故 $\bar{s}=m \cdot k\bar{s}=3\times1.5702=4.71(mm)$

$\bar{h}_a=m \cdot k\bar{h}_a=3\times1.0193=3.058(mm)$

采用齿厚卡尺测量,读数应符合齿厚上、下偏差要求。如图 6-19,如图 6-20。

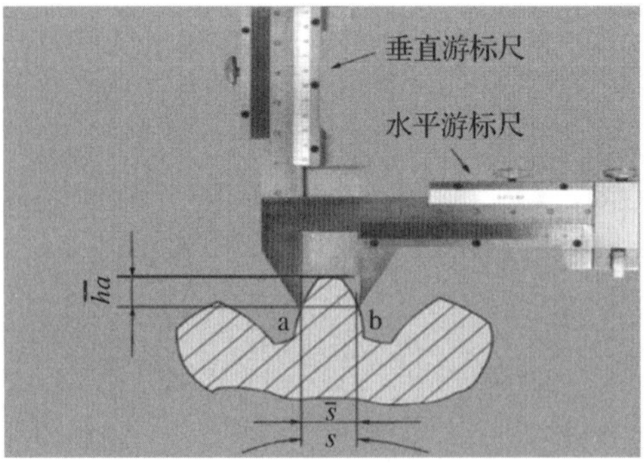

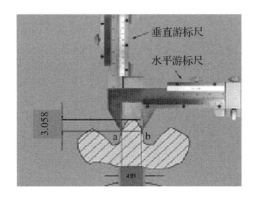

图 6-19

图 6-20

4. 固定弦齿厚的测量

固定弦齿厚的测量方法与分度圆弦齿厚的测量方法相同,只是所测部位不同。如图 6-21。

$$\bar{s}=\frac{\pi m}{2}\cdot\cos^2\alpha \qquad \bar{h}_c=m\left(1-\frac{\pi}{8}\sin2\alpha\right)$$

式中:$\bar{s}$——固定弦齿厚,毫米;

$\bar{h}_c$——固定弦齿高,毫米;

α——标准齿形角(20°),度。

$$\overline{h_c}=m\left(1-\frac{\pi}{8}\sin 2\alpha\right)=0.7476(m)$$

$$\bar{s}_c=\frac{\pi m}{2}\cdot\cos^2\alpha=1.387(m)$$

$\bar{h}_c\bar{s}_c$ 当所测齿轮是标准齿轮时,齿形角为 20°。则 $\bar{s}_c=1.387$m;$\bar{h}_c=0.7476$m。测量时读数应在齿厚上、下偏差之内。

5. 公法线长度的补充进刀值 ΔW

当 $\alpha=20°$时

$$\Delta W=1.462(W_\text{实}-W)$$

标准直齿圆柱齿轮公法线长度如表 6-3 所示。

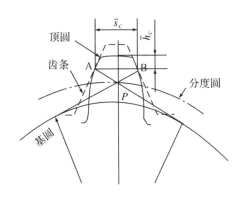

图 6-21

表 6-3 标准直齿圆柱齿轮公法线长度表

被测齿轮数 z	跨测齿数 n	公法线长度值 L	被测齿轮数 z	跨测齿数 k	公法线长度值 L	被测齿轮数 z	跨测齿数 n	公法线长度值 L
10		4.5683	19		7.6404	28		10.7246
11		4.5823	20		7.6004	29		10.7386
12		4.5963	21		7.6744	30		10.7526
13		4.6103	22		7.6884	31		10.7666
14	2	4.6243	23	3	7.7025	32	4	10.7806
15		4.6383	24		7.7165	33		10.7946
16		4.6523	25		7.7305	34		10.8086
17		4.6663	26		7.7445	35		10.8226
18		4.6803	27		7.7585	36		10.8367
37		13.8028	46		16.8810	55		19.9591
38		13.8168	47		16.8950	56		19.9732
39		13.8308	48		16.9090	57		19.9872
40		13.8448	49		16.9230	58		20.0012
41	5	13.8588	50	6	16.9370	59	7	20.0152
42		13.8728	51		16.9510	60		20.0292
43		13.8868	52		16.9650	61		20.0432
44		13.9008	53		16.9790	62		20.0572
45		13.9148	54		16.9930	63		20.0712

三、直齿圆柱齿轮的测量

1. 公法线长度测量

$$W_k = m \cdot \cos \alpha \left[(k-0.5)\pi \right] + \sin \alpha$$

$$k = 0.111 \cdot z + 0.5$$

式中:W_k——公法线长度,毫米;

z——被测齿轮齿数;

m——被测齿轮的模数,毫米;

k——跨搏齿数。

$$w_k = m[2.9521 \cdot (k-0.5) + 0.014 \cdot z]$$

为省略计算,常用查表法求得跨越齿数和公法线长度。

四、易产生的问题和注意事项

1. 齿形出现偏斜。主要原因是:

铣刀廓形中心未与齿轮轴心线重合,是对中不准所致。

2. 齿厚大小不等,齿距不均匀。主要原因有:

(1)工件的径向跳动过大,或未校正;

(2)分度不准,或摇错分度手柄转数后来消除间隙。

3. 齿厚尺寸不正确。主要原因是:

(1)用齿厚游标卡尺测量不正确,或卡尺测量爪磨损有误差;

(2)切削深度调整的不正确;

(3)铣刀刀号选的不对,用错了铣刀。

4. 齿轮的齿数不对。主要原因是:

计算分度错误,或选错了孔盘,查错了孔距。差动分度时配换齿轮计算,安装有错误等。

5. 齿面表面粗糙度不符合图样要求。原因很多,主要有:

(1)切削速度过大或过小;

(2)进给量过大;

(3)铣刀跳动大,铣刀磨损,产生振动;

(4)分度头主轴松动,工件安装刚性差;

(5)工件材料硬度不均匀,切削液选用的不合理、不充足等原因造成。

实践活动

1. 学会直齿圆柱齿轮的有关计算。

2. 根据加工齿轮要求,正确选择铣刀和切削用量。

3. 齿坯检测和安装。

4. 学会仿形法加工直齿圆柱齿轮的方法。

5. 学会直齿圆柱齿轮测量。

思考与检查

1. 在铣床上采用仿形法加工齿轮时,是利用_____形状和_____形状相同的刀具来切制齿形。

2. 渐开线齿轮,渐开线的形状与_____大小有关。

3. 直齿圆柱轮测量时。常测量_____ 、_____齿厚和固定弦齿厚。

4. 在一个标准齿轮中,_____和_____相等的那个圆称为分度圆。

5. 计算一个模数 $m=4$ 毫米,齿数 $z=30$ 的圆柱直齿轮。试求分度圆直径 d、齿距 p、齿顶圆直径 d_a、齿根圆直径 d_f、全齿高 h

解: $d=$ (mm)

$p=$ (mm)

$d_a =$ (mm)

$d_f =$ (mm)

$h =$ (mm)

任务评价

直齿圆柱齿轮练习评分如表 6-4 所示。

表 6-4　直齿圆柱齿轮练习评分表

项次	考核要求	项目	配分	检验与考核记录	扣分	得分
1	齿数	$z = 32$	10			
2	齿圈径向跳动	0.10	15			
3	铣刀号数	5	10			
4	公法线长度	$32.343^{-0.123}_{-0.403}$	35			
5	公法线长度变动量	0.10	10			
6	固定弦齿厚	4.1612	10			
7	粗糙度	$Ra3.2$	10			
8	安全	文明操作情况	扣分			

模块二　铣削斜齿轮

任务 1　选择并安装铣削斜齿轮的刀具

任务目标

1. 学会斜齿圆柱齿轮的仿形法的加工方法；

2. 学会斜齿圆柱齿轮的有关计算；

3. 学会正确选择铣刀和切削用量；

4. 学会配换齿轮的计算和安装；

5. 学会斜齿圆柱齿轮测量方法。

任务要求

1. 能正确选择铣刀和铣削斜齿圆柱齿轮；

2. 能按图样(图 6-22)要求检测斜齿圆柱齿轮的各项精度。

安全规程

1. 在安装工件时,必须切断电源或关闭电源开关；

2. 注意百分表等工量具的放置位置；

3. 在加工过程中,不能用手摸工件表面及用手清除铁屑。

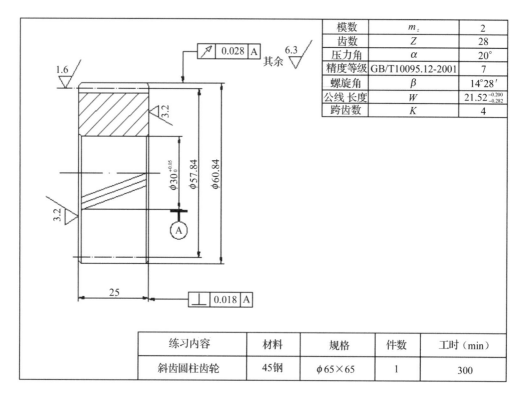

模数	m_z	2
齿数	Z	28
压力角	α	20°
精度等级 GB/T10095.12-2001		7
螺旋角	β	14°28′
公线 长度	W	$21.52^{-0.200}_{-0.282}$
跨齿数	K	4

练习内容	材料	规格	件数	工时（min）
斜齿圆柱齿轮	45钢	$\phi 65 \times 65$	1	300

图 6-22

知识链接

一、准备工作

1. 熟悉斜齿轮的加工图

图上注明模数,齿数,螺旋角,螺旋方向,加工精度和表面粗糙度等技术要求（表 6-5）

表 6-5

法向模数	m_n	2
齿数	Z	38
法向齿形角	a	20°
轴交角	Σ	90°
面锥跳动		0.05
齿圈跳动		0.075
弦齿厚	S	$3.14^{-0.073}_{-0.185}$
精度等级	8MNJB179-81	8-MN

2. 斜线齿圆柱齿轮基本计算（图 6-23）

$$d=\frac{zm_n}{\cos\beta}$$

$$d_a=m_n\frac{z}{\cos\beta}+2$$

$$d_f = m_n \frac{z}{\cos\beta} - 2.5$$

$$h = h_a + h_f = 2.25\, m_n$$

$$p_n = \pi m_n$$

$$p_t = \frac{p_n}{\cos\beta}$$

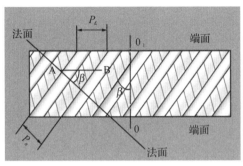

图 6-23

3. 检查齿坯

将不符合加工要求的齿坯挑选出来，不预加工。对应计算的尺寸，采用游标卡尺进行测量齿顶圆直径 d_a。

$$d_a = m_n\left(\frac{z}{\cos\beta} + 2\right)$$
$$= 2[(28 \div \cos 14°28') + 2]$$
$$= 61.84$$

4. 分度计算与调整

$$n = \frac{40}{z} = \frac{40}{28} = 1\frac{18}{42}$$

说明分度头时，应将分度手柄在 42 孔圈上转过 1 周又 18 孔距，调整分度叉，将分度叉（扇形板）调节为 42 孔圈数中的 18 个孔距。如图 6-24。

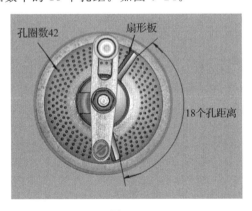

图 6-24

5. 选择铣刀

斜齿圆柱齿轮分度圆柱的法向截面为一个椭圆，在此椭圆上，P 点附近的齿形就是斜齿轮法面的齿形. 若作形状（弯曲程度）与 P 点附近的椭圆形状近似的圆来代替 P 点处的椭圆,以此圆当作齿轮的分度圆,按法面齿形布满此分度圆周的齿数,就称为当量齿数 z（或称假想齿数）。由于斜齿轮特殊的几何形状的要求,铣削斜齿轮的盘形齿轮铣刀与铣直齿轮采用的是同一种类的铣刀。在刀具的选择上是将圆整的斜齿轮当量齿数 $z_当$,在盘形齿轮铣刀刀号表中,按照其法向模,对应查出应选择的铣刀刀号。当量齿数的计算有计算法和查表法。如图 6-25。

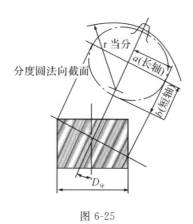

图 6-25

（1）计算法

$$z_当 = \frac{z}{\cos^3 \beta}$$

式中: z——斜齿轮的实际齿数;

$z_当$——斜齿轮的当量齿数;

β——斜齿轮的螺旋角。

$$z_当 = \frac{28}{\cos^3 14°28'} = 28 \div (0.9683)^3 \approx 33$$

在盘形齿轮铣刀刀号表中查出,应选用一把模数为 2 毫米,齿形角为 $20°$ 的 5 号铣刀。

（2）查表法

依螺旋角 β 查出 k 值 $\left(k = \frac{1}{\cos 3\beta} \right)$ 再乘以实际齿数。

$$z_当 = k \cdot z$$

6. 安装交换齿轮

（1）计算导程 P_z（如图 6-26）

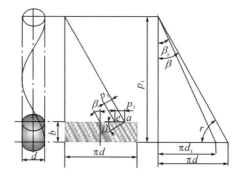

图 6-26

$$P_z = \frac{\pi d}{\tan \beta}$$
$$= 3.14 \times 57.84 \div \tan 14°28'$$
$$= 703.67(\text{mm})$$

(2)计算交换齿轮(如图 6-27)

$$i = \frac{z_1}{z_2} \cdot \frac{z_3}{z_4} = \frac{40_g p}{p_z} \text{ 或 } i = \frac{40 \cdot p \cdot \sin \beta}{m_n \cdot \pi \cdot z}$$

$$i = \frac{z_1}{z_2} \cdot \frac{z_3}{z_4} = \frac{40 \cdot p \cdot \sin \beta}{m_n \cdot \pi \cdot z} = \frac{40 \times 6 \times \sin 14°28'}{2 \times \frac{22}{7} \times 28} = \frac{15}{44} = \frac{30}{80} \times \frac{50}{55}$$

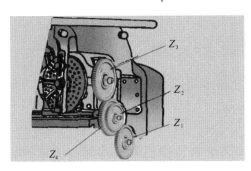

图 6-27

7. 安装铣刀

斜齿轮铣刀安装方法与直齿圆柱齿轮相同。

8. 铣刀对中心

采用划线与试切相结合的方法。对中心后应将横向工作台紧固。

9. 调整工作台转向

工作台转角的大小和方向和工件螺旋角 β 大小和方向相同。

因是左旋斜齿轮,应顺时针方向转动工作台螺旋角为 $14°28'$。

10. 调整切削用量

(1)调整主轴转数 n,铣削钢材零件时:

$$n = 118 \text{ 转/分}$$

(2)调整进给速度 v_f,铣削钢材零件时:

$$v_f = 75 \text{ 毫米/分}。$$

实践活动

1. 掌握斜齿轮刀具的选择;

2. 掌握斜齿轮刀具的正确安装并校正;

3. 掌握零件的正确安装与校正。

任务 2 铣削斜齿轮的方法

任务目标

1. 能正确掌握铣削斜齿轮方法;

2. 能掌握控制齿轮的深度及齿厚尺寸；

3. 能正确测量齿轮的尺寸精度。

任务要求

能按照零件图样进行铣削。

安全规程

1. 刀具安装时应注意是否符合要求；

2. 零件的安装及校正时应注意是否符合要求；

3. 检测零件时应注意操作规程，防止工件上的毛刺划伤。

知识链接

一、铣削齿轮

1. 试铣

为了验证分齿分度是否正确，可通过试铣方法，将圆柱面一周铣出极浅的刀痕，然后检查刀痕数是否与所铣齿数相同。

2. 铣削深度

对于齿面的表面粗糙度要求不高的或模数较小的齿槽，可一次进给铣出全齿深（2.25m）。铣完第一齿后，进行测量合格后，再依次分度铣完各齿。如图 6-28。

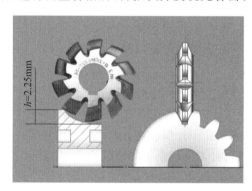

图 6-28

在实际中，为了保证齿面的表面粗糙度和齿厚精度等达到要求，往往分粗铣和精铣。精铣时的铣削余量应在 0.5mm 左右，但不能直接按预留的这一余量上刀铣削。应通过实测进行补充进刀值的计算来上刀进行精铣。

3. 铣削齿轮（如图 6-29）

在第一齿测量合格后，依次铣削各齿至完毕。

（1）粗铣——为精铣留余量 0.5mm。

（2）精铣——根据计算得的补充进刀值上刀，进行精铣。

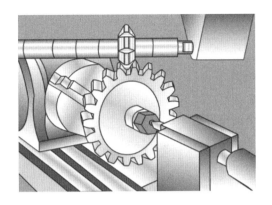

图 6-29

二、斜齿圆柱齿轮的测量

斜齿圆柱齿轮应在法向截面内测量法向弦齿厚。

1. 齿厚的测量

(1)分度圆弦齿厚的测量(如图 6-30)

$$\overline{s_n} = m_n z_当 \sin \frac{90°}{z_当}$$

$$\overline{h_{an}} = m_n \left[1 + \frac{z_当}{2} \left(1 - \cos \frac{90°}{z_当} \right) \right]$$

式中:s_n——法面分度圆弦齿厚;

h_{an}——法面分度圆弦齿高。

当量齿数若是小数,可四舍五入,再从表中查得系数。

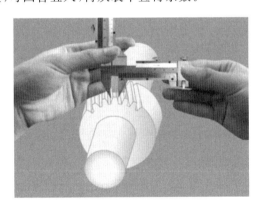

图 6-30

(2)固定弦齿厚的测量

$$\overline{\overline{s_n}} = 1.387 m_n$$

$$\overline{\overline{h_{an}}} = 0.7476 m_n$$

式中:$\overline{\overline{s_n}}$——斜齿轮固定弦齿厚,mm;

$\overline{\overline{h_{an}}}$——斜齿轮固定弦齿高,mm。

常可使用查表法从表 10.12 中查得固定弦齿厚 s_n 和固定弦齿高 h_{an} 的具体数值。

2. 公法线长度测量

$$W_n = m_n \cos \alpha_n \left[\pi (\kappa - 0.5) + \mathrm{inv}\alpha_t \right]$$

式中：m_n——斜齿轮法面模敢，mm；

α_n——斜齿轮法面齿形角，度；

$\mathrm{inv}\alpha_t$——端面齿形角的渐开线函数值。

$$\mathrm{inv}\alpha_t = \tan\alpha_t - \alpha_t;$$

κ——跨齿数。

$$\kappa = \frac{\alpha_t}{180°} \cdot z_{当} + 0.5$$

三、易产生的问题和注意事项

1. 斜齿圆柱齿轮铣齿时，同样也会出现像铣削直齿圆柱齿轮时所产生的问题。因此在铣削斜齿轮时应注意避免类似的问题。

2. 铣斜齿轮时，由于分度头主轴随工作台移动而转动，因此需松开分度头主轴紧固手柄，松开分度孔盘紧固螺钉，并将分度手柄的插销插入分度孔盘孔中，切削时不得拨出，以免铣坏斜齿面。

3. 安装交换齿轮使用挂轮轴时，注意螺母不要把过渡套或齿轮紧固，而要略有间隙地固定在挂轮轴的端面上，以免交换齿轮不能正常运转。

4. 由于齿轮螺旋方向不同，在铣削时，为保证逆铣时传动方向的需要，在安装配换齿轮时，可在主动和被动齿轮之间安装中间轮。

5. 当铣完一齿后进行分度时，分度手柄拨出孔盘后，不能移动工作台，否则会造成圆周等分不均匀，出现废品。

实践活动

1. 学会斜齿圆柱齿轮的有关计算；

2. 根据加工齿轮要求，正确选择铣刀和切削用量；

3. 配换齿轮的计算和安装；

4. 学会仿形法加工斜齿圆柱齿轮的方法；

5. 学会斜齿圆柱齿轮测量。

思考与检查

1. 在铣床上采用仿形法加工齿轮时，是利用_____形状和_____形状相同的刀具来切制齿形。

2. 渐开线齿轮，渐开线的形状与_____大小有关。

3. 直齿圆柱轮测量时。常测量_____、_____齿厚和固定弦齿厚。

4. 在一个标准齿轮中，_____和_____相等的那个圆称为分度圆。

5. 计算一个圆柱斜齿轮，模数 $m_n = 3$ 毫米，$z = 20$，$\alpha_n = 20°$，$\beta = 20°$。

试求分度圆直径 d、法面周节 p_n、端面周节 p_t、齿顶圆直径 d_a、齿根圆直径 d_f、全齿高 h。

解： $d =$ （mm）

$p_n =$ (mm)

$p_t =$

$d_a =$ (mm)

$d_f =$ (mm)

$h =$ (mm)

任务评价

斜齿圆柱齿轮练习评分如表 6-6 所示。

表 6-6 斜齿圆柱齿轮练习评分表

项次	考核要求	项目	配分	检验与考核记录	扣分	得分
1	齿数	$z=28$	10			
2	齿圈径向跳动	0.08	15			
3	铣刀号数	5	5			
4	公法线长度	$21.52_{-0.403}^{-0.128}$	25			
5	公法线长度变动量	0.09	10			
6	螺旋角	$14°28'$	10			
7	齿向公差	0.028	15			
8	粗糙度	$Ra3.2$	10			
9	安全	文明操作情况	扣分			

项目七　铣削离合器

❖ 学会铣刀的合理选用和正确装夹；

❖ 学会奇数齿、偶数齿直齿离合器的加工方法。

模块一　铣削矩形齿离合器

任务 1　铣削离合器的刀具选择

任务目标

1. 掌握铣削离合器的刀具种类及选择；

2. 掌握刀具、工具的正确安装。

任务要求

1. 离合器的有关计算及铣刀的合理选用；

2. 铣刀的正确安装；

3. 根据加工图样要求，合理选择铣刀；

4. 检查工件尺寸及装夹工件并校正。

安全规程

1. 装夹工件时，应注意是否符合安全要求；

2. 装夹刀具时应注意刀具是否牢固。

知识链接

离合器为间歇传递运动或变换转动方向的零件，有齿式离合器和摩擦离合器两种。

一、齿式离合器的种类

1. 矩形齿离合器，如图 7-1；

2. 等边尖齿形离合器，如图 7-2；

3. 锯齿形离合器，如图 7-3；

4. 梯形收缩齿形离合器，如图 7-4；

5. 梯形等高齿形离合器，如图 7-5。

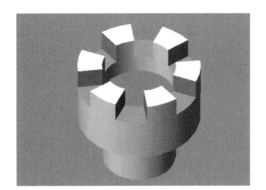

图 7-1

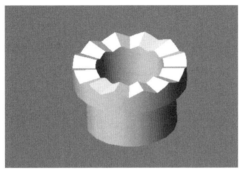

图 7-2

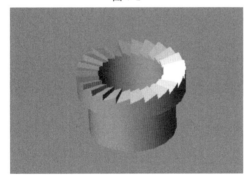

图 7-3

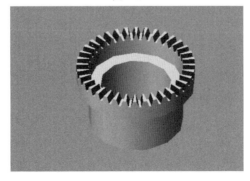

图 7-4

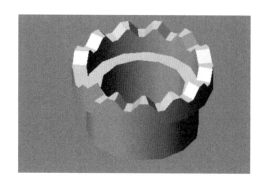

图 7-5

二、铣刀的选择及工件的安装

牙嵌式直齿离合器也叫矩形齿形离合器,由于矩形齿离合器的齿形较大,以及特殊的几何形态,这类离合器的铣削应按齿数奇偶数量的不同,分为两种铣削方法,具体见任务二。

1. 选用三面刃铣刀(图 7-6)

$$B \leqslant \frac{d_1}{2}\sin \alpha = \frac{d_1}{2}\sin \frac{180°}{z}\text{铣刀宽度:}$$

式中:B——三面刃铣刀宽度(mm);

d_1——离合器内孔直径(mm);

α——齿槽角(度);

z——离合器齿数。

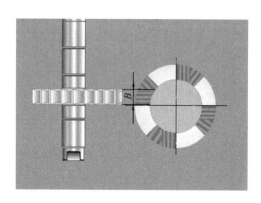

图 7-6

2. 计算和调整分度头手柄转数(图 7-7)

按 $n = \frac{40}{z}$ 计算和调整分度手柄转数。

铣 5 数齿直齿离合器 $n = \frac{40}{5} = 8$ 圈,即每铣完一个齿,分度盘手柄转过 72° 加工下一个齿。

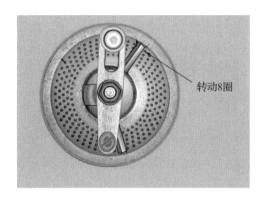

图 7-7

$$B \leqslant \frac{d_1}{2}\sin \alpha = \frac{d_1}{2}\sin \frac{180°}{z}$$

选择并安装铣刀(选择 $\varphi75\times10\times22$mm 的三面刃铣刀)

3. 回转工作台安装(图 7-8)

手动圆转台也称回转工作台,底座的 U 形槽供安放 T 形螺钉夹紧圆转台。转台上的 T 形槽供安放 T 形螺钉,夹紧工件或夹具。

图 7-8

转台圆周面上刻有 360°刻度,可作分度的辅助依据。如图 7-9。

图 7-9

转台主轴在工作台面上有一个台阶孔。通过手轮旋转可使转台转动。如图 7-10。

图 7-10

4. 工件夹紧或夹具安装

采用压板夹紧,将三爪卡盘安装固定在回转工作台上,并校正卡盘与转台两者轴线重合。如图 7-11。

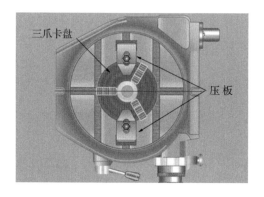

图 7-11

5. 安装和校正工件

安装并用百分表校正工件的径向跳动。如图 7-12。

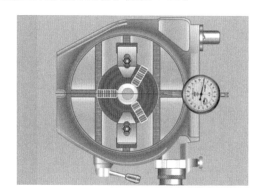

图 7-12

同时,校正工件的端面跳动,保证其端面跳动与径向跳动的误差不超差。如图 7-13。

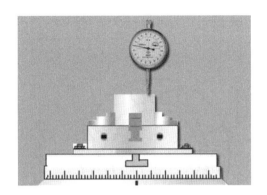

图 7-13

实践活动

1. 铣刀的正确安装；

2. 圆转台的正确安装及校正；

3. 工件的正确安装与校正。

任务 2　矩形齿离合器的加工方法

任务目标

1. 能采用不同的方法进行对中心；

2. 能完成奇、偶齿离合器的铣削；

3. 能正确控制离合器的尺寸精度。

任务要求

能根据图样(图 7-14)要求完成离合器的加工。

安全规程

1. 注意加注润滑油；

2. 在加工过程中,不能用手摸工件；

3. 随时注意切削过程中刀具的切削是否顺利；

4. 注意刀具与工件的碰撞。

知识链接

一、铣削奇齿离合器

1. 对中心

(1)按划线对中心

将工件端面用涂粉笔或蓝油涂色,然后安装在万能分度头上,将高度尺的齿尖大约对准工件中心,通过工件端面划一条线。如图 7-15。

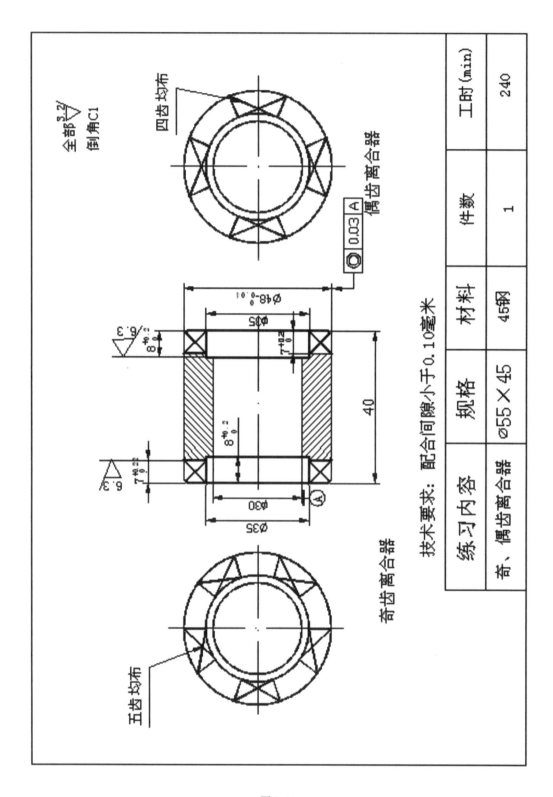

图 7-14

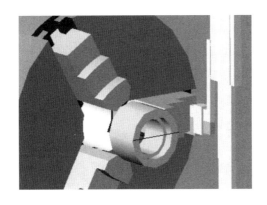

图 7-15

将分度头手柄转 20 转（180°），划第二条线，两次划的线重合即为中心线。如图 7-16。

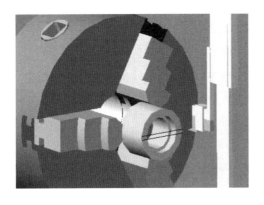

图 7-16

不重合时，将划针调至二条线中间重复以上划法，至划线重合为止。如图 7-17。

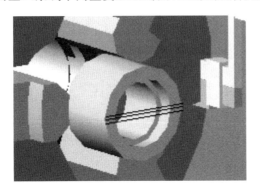

图 7-17

（2）用三面刃铣刀对中心

用三面刃铣刀的侧面刃对工件的圆柱表面贴上一张薄纸进行对刀。开机后，铣刀逐渐靠近工件，将纸片擦落，使铣刀侧面刚好擦着工件的圆柱面，下降工件。如图 7-18。

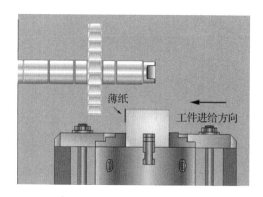

图 7-18

然后将铣刀向工件中心方向移动一个工件外圆的半径。如图 7-19。

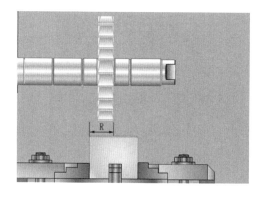

图 7-19

2. 调整切削深度铣削

开动机床上升工作台使铣刀与工件端面轻轻接触,然后退刀。如图 7-20。

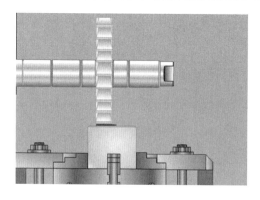

图 7-20

按图 7-21 示离合器的齿高调整好切削深度,铣刀下降 7 毫米后,锁紧转台,不使用的工作台进给机构要紧固。

图 7-21

铣刀穿过工件整个端面铣出第一刀,一次进给铣出二个齿侧,若进给机构采用梯形螺纹丝杆,在加工时应采用逆铣,不可采用顺铣。如图 7-22。

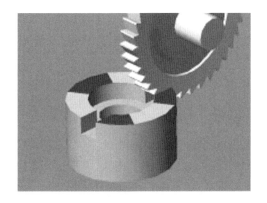

图 7-22

退刀后,工件转过一个 $\frac{1}{5}$ 等分,即转 72°,用同样的方法铣出第二刀。如图 7-23。

图 7-23

离合器的齿数就是工件的进给次数。用同样的方法铣出全部齿数。如图 7-24。

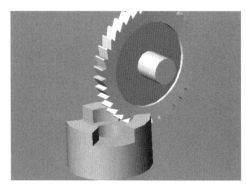

图 7-24

3. 铣齿侧间隙

铣齿侧间隙就是将离合器齿的齿侧面多铣去一些,使齿槽略大于齿,以便两个啮合的离合器能正常啮合。

(1)偏移中心法

在三面刃铣刀侧刃对中心时,使铣刀侧刃超过工件中心线 0.10～0.20 毫米,使齿的大端和小端铣去一样多,使齿侧产生间隙,这样齿侧将不通过工件中心。此法用于铣精度不高的离合器。如图 7-25。

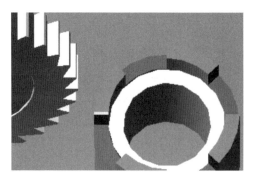

图 7-25

(2)偏转角度法

离合器齿全部铣完后,将工件转动一个 $\Delta\theta$ 角,这样齿的大端多铣,小端少铣,使齿侧产生间隙,齿侧仍通过工件中心。此法用于铣削精度较高的离合器。如图 7-26。

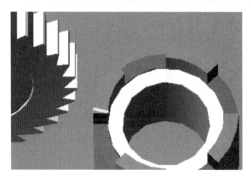

图 7-26

二、铣偶数齿直齿离合器

1. 三面刃铣刀的宽度的选择条件与铣奇数齿离合器相同（图 7-27）。铣刀的最大允许直径通过下式计算确定（否则会铣伤对面齿形）：

$$D \leqslant \frac{T^2 + d_1^2 - 4B^2}{T}$$

式中：D——三面刃铣刀最大直径；

T——离合器齿深；

d_1——离合器齿部内径；

B——三面刃铣刀宽度。

图 7-27

$$D \leqslant \frac{T^2 + d_1^2 - 4B^2}{T} = \frac{7^2 + 30^2 - 4 \times 8^2}{7}$$

$$D \leqslant 99$$

铣 4 数齿直齿离合器，每铣完一个齿，分度盘手柄转过 $90°$ 加工下一个齿。

2. 铣偶数齿离合器时，铣刀不能通过工件整个端面，每次进给只能铣出一个齿的一个侧面，否则将铣伤对面齿形。如图 7-28。

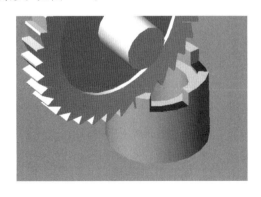

图 7-28

3. 四齿直齿离合器加工步骤。

(1)安装和校正工件，并校正工件的径向跳动和端面跳动。如图 7-29。

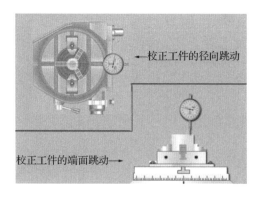

图 7-29

(2)首先,使铣刀一侧面对正工件中心,加工方法同上,铣出一齿侧。铣出一侧齿面1,2,3,4侧齿面,注意铣刀不能伤到对面的齿。如图7-30。

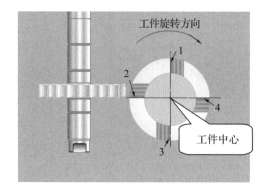

图 7-30

(3)然后将铣刀的另一侧面在工件外圆的另一侧面重新对刀后对准中心。如图7-31。

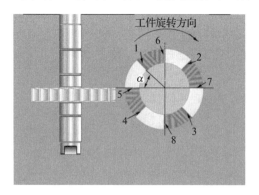

图 7-31

(4)将工件转一个齿槽角α,将工作台移动一个铣刀宽度的距离,使铣刀另一侧面对正工件中心,铣出齿的另一个侧面。如图7-32。

$$\alpha = \left(\frac{360°}{2z}\right) + 30'$$

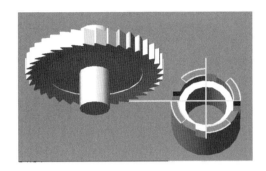

图 7-32

(5)分度后依次铣出同方向 4 个齿的侧面,铣出另一侧齿面 5,6,7,8。如图 7-33。

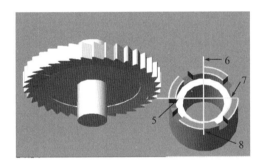

图 7-33

(6)如果铣刀的宽度太窄会造成齿面留有余量。如图 7-34。

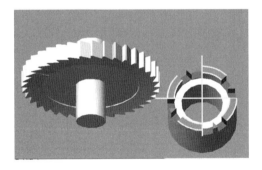

图 7-34

(7)将分度头转过 $\frac{1}{2}$ 齿槽角,依次将齿面余量铣去。如图 7-35。

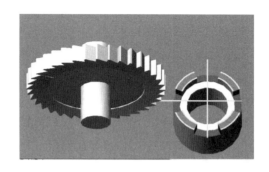

图 7-35

实践活动

1. 按图样分别铣削奇、偶齿离合器；
2. 能根据图样要求正确对中心；
2. 在分度头上进行工件安装；
4. 在分度头上进行工件的校正。

思考与检查

1. 在加工零件时，不使用的工作台进给机构要_____。
2. 分度时分度手柄的转数应按照_____计算。
3. 在铣削工件时应将回转台主轴_____，分度时将锁紧手柄_____。

任务评价

离合器工件练习评分如表 7-1 所示。

表 7-1　离合器工件练习评分表

项次	考核要求		项目	配分	检验与考核记录	扣分	得分
1	偶数齿	齿的等分性	四齿均布	12			
		齿侧间隙	$\leqslant 0.40$	15			
		粗糙度	$Ra \leqslant 3.2 \mu m$	5			
		齿深度	$7_0^{+0.22}$	8×2			
2	奇数齿	齿的等分性	五齿均布	12			
		齿侧间隙	$\leqslant 0.40$	15			
		粗糙度	$Ra \leqslant 3.2 \mu m$	5			
		安全	文明操作情况	20			

模块二　矩形齿离合器的检测

任务　离合器的检测及注意事项

任务目标

1. 掌握离合器的正确测量方法及要求；
2. 能根据图样尺寸要求进行测量。

任务要求

对加工零件进行检测。

安全规程

1. 注意及时去除零件毛坯上的毛刺；
2. 测量工件时注意与刀具间的距离。

知识链接

一、直齿离合器的检验方法

1. 检验齿的等分性

用卡尺测量每个齿的大端弦长。如图 7-36。

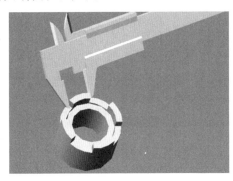

图 7-36

2. 检验齿深

用卡尺或深度尺测量齿的深度。如图 7-37。

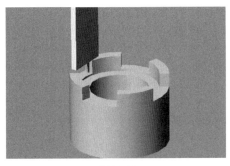

图 7-37

3. 检验齿侧间隙及啮合情况

将相互啮合的离合器装在心轴上,使两个离合器相互啮合,用塞尺检验齿侧间隙是否合格。如图 7-38。

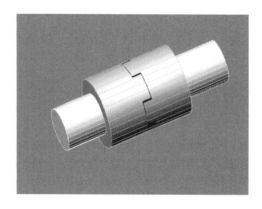

图 7-38

3. 检验齿侧表面粗糙度

用目测或用粗糙度样块对比检验齿侧表面粗糙度是否符合要求。如图 7-39。

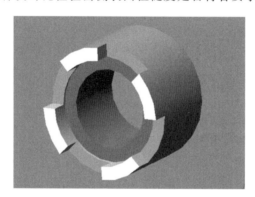

图 7-39

4. 表面粗糙度不符合图样要求的原因

(1)主轴转速过低,切削深度过大,或进给量过大,铣刀的径向跳动量很大,切削时不平稳。

(2)切削 45 钢或塑性材料时,工件没有施加切削液,或刀具变钝,刃口磨损。

二、注意事项

1. 在加工时应采用逆铣,不可采用顺铣。

2. 铣削时将转台锁紧,分度时再将手柄松开,并将不用的工作台进给机构要锁紧。如图 7-40。

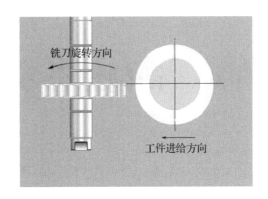

图 7-40

3. 测量时有错误,会使铣出的齿槽宽度不符合要求,使槽子尺寸铣错。

4. 加工时工件伸出卡爪部分应大于齿槽深度的 3 毫米以上,即 $h-h_1>3$mm 以免铣伤卡爪。如图 7-41。

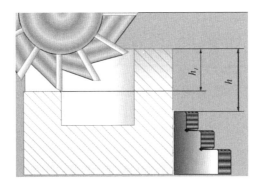

图 7-41

5. 分度时若摇错孔位,在回转时应多回半圈,应注意消除间隙。

6. 注意安全生产、文明生产。

实践活动

能根据图样独立完成零件的测量。(见图 7-14)

项目八　铣削综合零件

❖ 能独立编制铣削综合类零件的加工工艺；

❖ 能制定综合类零件铣削加工的方法；

❖ 能完成综合类零件的加工；

❖ 能完成综合类零件的质量检测。

任务1　六面体斜面零件的铣削

任务目标

(1)阅读、填充完整零件图纸,完成轴类零件加工；

(2)选用、校正、安装所用的工具；

(3)使用铣床加工零件平面、斜面等综合内容；

(4)检测零件。

任务要求

(1)平口虎钳安装前、后要清洁干净；

(2)正确校正平口虎钳的精度准确,符合使用要求；

(3)工夹具摆放整齐；

(4)能识读零件图；

(5)能正确选用刀具,装夹刀具；

(6)能正确装夹工件；

(7)能正确选用切削用量；

(8)能正确使用铣床加工零件；

(9)能检测加工零件。

安全规程

(1)能在机床上正确安装与校正平口虎钳；

(2)能在安装、校正平口虎钳时做到安全和规范。

知识链接(零件图纸如图8-1)

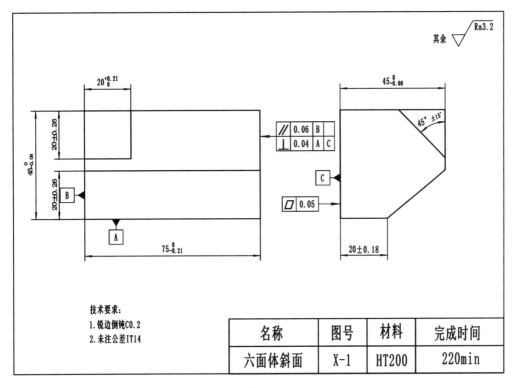

技术要求:
1.锐边倒钝C0.2
2.未注公差IT14

名称	图号	材料	完成时间
六面体斜面	X-1	HT200	220min

图 8-1

任务评价

客观评分表如表 8-1 所示。

表 8-1　客观评分表

试题名称:安装与校正平口虎钳

编号	配分	评分细则描述	规定或标称值	得分
O1	2	清洁平口虎钳	正确	
O2	3	平口虎钳安装正确	正确	
O3	2	平口虎钳校正符合使用要求	正确	
合计配分	7	合计得分		

主观评分表如表 8-2 所示。

表 8-2　主观评分表

试题名称:安装与校正平口虎钳

编号	配分	评分细则描述	考评员评分			最终得分
			1	2	3	
S1	1	工具的规范摆放				
S2	1	工作区域的安全检查				
S3	1	工具使用的熟练程度				
合计配分	3	合计得分				

试题名称:平面斜面的铣削

编号	配分	评分细则描述	规定或标称值	得分
O1	6	每超差 0.01 扣 2 分,扣完为止	$20^{+0.21}_{0}$	
	2	表面粗糙度降级不得分		
O2	6	每超差 0.01 扣 2 分,扣完为止	20 ± 0.26	
	2	表面粗糙度降级不得分		
O3	8	每超差 0.01 扣 2 分,扣完为止	$45^{0}_{-0.08}$	
	2	表面粗糙度降级不得分		
O4	4	每超差 0.02 扣 2 分,扣完为止	20 ± 0.26	
O5	4	每超差 0.02 扣 2 分,扣完为止	20 ± 0.18	
O6	8	每超差 0.01 扣 2 分,扣完为止	$75^{0}_{-0.21}$	
	2	表面粗糙度降级不得分		
O7	4	超差不得分	▱ 0.05	
O8	4	超差不得分	∥ 0.08 A	
O9	8	每超差 0.01 扣 2 分,扣完为止	$45^{0}_{-0.08}$	
	2	表面粗糙度降级不得分		
O10	8	超差 2°以上不得分	$45°\pm15'$	
	2	表面粗糙度降级不得分		
O11	5	超差不得分	⊥ 0.04 A C	
O12	2	每少一处扣 0.5 分,扣完为止	锐边倒钝	
以下内容由考评员现场评分				
O13	2	着装不规范不得分	着装	
O14	2	任意安全防护未做到即不得分	防护措施	
O15	2	考核完未做清扫不得分	机床清扫	
合计配分	85	合计得分		

试题名称:平面斜面的铣削

编号	配分	评分细则描述	考评员评分			最终得分
			1	2	3	
S1	2	工量具摆放不规范不得分				
S2	1	量、检具使用不规范不得分				
S3	2	发现任何不规范操作即不得分				
合计配分	5	合计得分				

任务 2　槽类六面体零件的铣削

任务目标

（1）阅读、填充完整零件图纸，完成轴类零件加工；

（2）选用、校正、安装所用的工具；

（3）使用铣床加工零件平面、斜面等综合内容；

（4）检测零件。

任务要求

（1）能识读零件图；

（2）能正确选用刀具，装夹刀具；

（3）能正确装夹工件；

（4）能正确选用切削用量；

（5）能正确使用铣床加工零件；

（6）能检测加工零件。

安全规程

（1）零件质量符合零件图纸上的各项精度要求。

（2）操作过程中符合企业 6S 要求。

（3）工夹具摆放整齐。

知识链接（零件图纸如图 8-2）

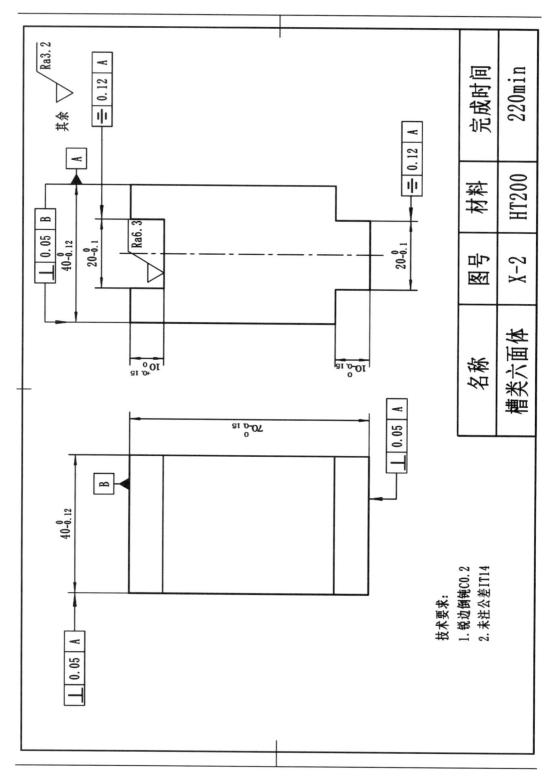

图 8-2

任务评价

客观评分表如表 8-3 所示。

表 8-3 客观评分表

试题名称:六面体槽类零件

编号	配分	评分细则描述	规定或标称值	得分
O1	6	每超差 0.01 扣 2 分,扣完为止	$20_{-0.10}^{0}$	
	1	表面粗糙度降级不得分		
O2	6	每超差 0.01 扣 2 分,扣完为止	$20_{-0.10}^{0}$	
	1	表面粗糙度降级不得分		
O3	8	超差不得分	$40_{-0.12}^{0}$	
	1	表面粗糙度降级不得分		
O4	6	每一处超差扣 1 分,扣完为止	$100_{-0.15}^{0}$	
O5	6	每一处超差扣 1 分,扣完为止	$10_{0}^{+0.15}$	
O6	8	超差不得分	$70_{-0.15}^{0}$	
	2	表面粗糙度降级不得分		
O7	8	超差不得分	$40_{-0.12}^{0}$	
	1	表面粗糙度降级不得分		
O8	8	超差不得分(二处)	⟦ = ⎸0.12⎸A ⟧	
	1	表面粗糙度降级不得分		
O9	5	超差不得分	⟦ ⊥ ⎸0.05⎸A ⟧	
O10	2	超差不得分	⟦ ⊥ ⎸0.05⎸A ⟧	
O11	1	每少一处扣 0.5 分,扣完为止	锐边倒钝	
O12	6	超差不得分	⟦ ⊥ ⎸0.05⎸B ⟧	
以下内容由考评员现场评分				
O13	3	着装不规范不得分	着装	
O14	3	任意安全防护未做到即不得分	防护措施	
O15	2	考核完未做清扫不得分	机床清扫	
合计配分	85	合计得分		

主观评分表如表 8-4 所示。

表 8-4 主观评分表

试题名称:六面体槽类零件

编号	配分	评分细则描述	考评员评分			最终得分
			1	2	3	
S1	2	工量具摆放不规范不得分				
S2	1	量、检具使用不规范不得分				
S3	2	发现任何不规范操作即不得分				
合计配分	5	合计得分				

任务 3　凹凸面零件的铣削

任务目标

(1)阅读、填充完整零件图纸,完成轴类零件加工;

(2)选用、校正、安装所用的工具;

(3)使用铣床加工零件平面、斜面等综合内容;

(4)检测零件。

任务要求

(1)能识读零件图;

(2)能正确选用刀具,装夹刀具;

(3)能正确装夹工件;

(4)能正确选用切削用量;

(5)能正确使用铣床加工零件;

(6)能检测加工零件。

安全规程

(1)零件质量符合零件图纸上的各项精度要求;

(2)操作过程中符合企业 6S 要求;

(3)工夹具摆放整齐。

知识链接(零件图纸如图 8-3)

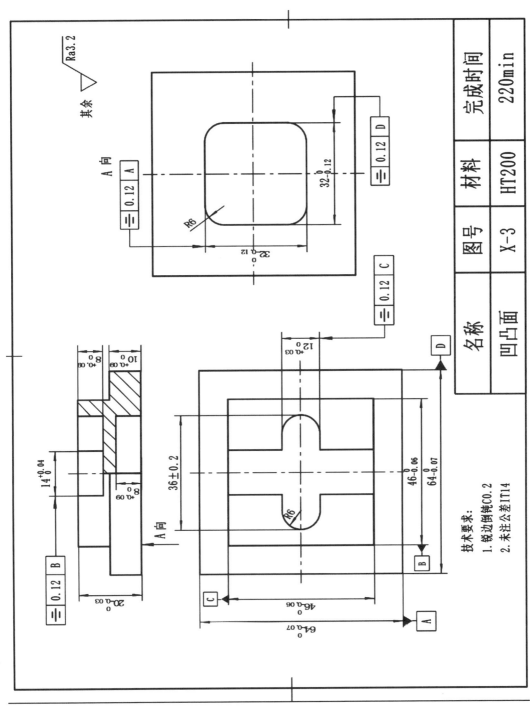

图 8-3

技术要求:
1. 锐边倒钝C0.2
2. 未注公差IT14

名称	图号	材料	完成时间
凹凸面	X-3	HT200	220min

其余 ▽Ra3.2

普通铣削加工

任务评价

客观评分表如图 8-5 所示。

表 8-5 客观评分表

试题名称：凹凸面

编号	配分	评分细则描述	规定或标称值	得分
O1	5	每超差 0.02 扣 2 分，扣完为止	$10_0^{+0.09}$	
	2	表面粗糙度降级不得分		
O2	5	超差不得分	$12_0^{+0.03}$	
	2	表面粗糙度降级不得分		
O3	5	超差不得分（二处）	$46_{-0.06}^0$	
	2	表面粗糙度降级不得分		
O4	4	超差不得分	$14_0^{+0.04}$	
O5	4	每超差 0.02 扣 2 分，扣完为止	$8_0^{+0.09}$	
O6	4	每超差 0.02 扣 2 分，扣完为止	36 ± 0.20	
O7	4	超差不得分	$8_0^{+0.09}$	
O8	5	超差不得分（二处）	$64_{-0.07}^0$	
	2	表面粗糙度降级不得分		
O9	5	超差不得分	$20_{-0.03}^0$	
O10	5	每超差 0.02 扣 2 分，扣完为止	＝ 0.12 C	
O11	6	超差不得分（二处）	$32_{-0.12}^0$	
	2	表面粗糙度降级不得分		
O12	5	每超差 0.02 扣 2 分，扣完为止	＝ 0.12 B	
O13	4	每超差 0.02 扣 2 分，扣完为止	＝ 0.12 D	
O14	4	每超差 0.02 扣 2 分，扣完为止	＝ 0.12 A	
O15	2	每少一处扣 0.5 分，扣完为止	锐边倒钝	
以下内容由考评员现场评分				
O16	3	着装不规范不得分	着装	
O17	3	任意安全防护未做到即不得分	防护措施	
O18	2	考核完未做清扫不得分	机床清扫	
合计配分	85	合计得分		

主观评分表如表 8-6 所示。

表 8-6　主观评分表

试题名称:凹凸面

编号	配分	评分细则描述	考评员评分			最终得分
			1	2	3	
S1	2	工量具摆放不规范不得分				
S2	1	量、检具使用不规范不得分				
S3	2	发现任何不规范操作即不得分				
合计配分	5	合计得分				

附表1 分度圆弦齿厚和弦点高（m＝1）

齿数 Z	齿厚 Ks	齿高 Kya	齿数 Z	齿厚 Ks	齿高 Kya
12	1.5663	1.0513	63	1.5706	1.0098
13	1.5669	1.0474	64	1.5706	1.0096
14	1.5675	1.0440	65	1.5706	1.0096
15	1.5679	1.0411	66	1.5706	1.0093
16	1.5683	1.0385	67	1.5706	1.0092
17	1.5686	1.0363	68	1.5706	1.0091
18	1.5688	1.0342	69	1.5706	1.0088
19	1.5690	1.0324	70	1.5706	1.0087
20	1.5692	1.0308	71	1.5707	1.0086
21	1.5693	1.0294	72	1.5707	1.0084
22	1.5694	1.0280	73	1.5707	1.0083
23	1.5695	1.0268	74	1.5707	1.0082
24	1.5696	1.0257	75	1.5707	1.0080
25	1.5697	1.0247	76	1.5707	1.0080
26	1.5698	1.0237	77	1.5707	1.0079
27	1.5699	1.0228	78	1.5707	1.0079
28	1.5699	1.0220	79	1.5707	1.0078
29	1.5700	10212	80	1.5707	1.0077
30	1.5701	1.0205	81	1.5707	1.0076
31	1.5701	1.0199	82	1.5707	1.0075
32	1.5702	1.0193	83	1.5707	1.0074
33	1.5702	1.0187	84	1.5707	1.0073
34	1.5702	1.0181	85	1.5707	1.0073
35	1.5703	1.0176	86	1.5707	1.0072
36	1.5703	1.0171	87	1.5707	1.0071
37	1.5703	1.0167	88	1.5707	1.0070
38	1.5703	1.0162	89	1.5707	1.0069
39	1.5704	1.0158	90	1.5707	1.0069
40	1.5704	1.0154	91	1.5707	1.0068
41	1.5704	1.0150	92	1.5707	1.0067
42	1.5704	1.0146	93	1.5707	1.0066
43	1.5705	1.0144	94	1.5707	1.0065
44	1.5705	1.0140	95	1.5707	1.0065
45	1.5705	1.0137	96	1.5707	1.0064
46	1.5705	1.0134	97	1.5707	1.0064

齿数 Z	齿厚 Ks	齿高 Kya	齿数 Z	齿厚 Ks	齿高 Kya
47	1.5705	1.0131	98	1.5707	1.0063
48	1.5705	1.0128	99	1.5707	1.0062
49	1.5705	1.0125	100	1.5708	1.0062
50	1.5705	1.0124	105	1.5708	1.0059
51	1.5705	1.0121	110	1.5708	1.0056
52	1.5706	1.0119	115	1.5708	1.0054
53	1.5706	1.0116	120	1.5708	1.0051
54	1.5706	1.0114	125	1.5708	1.0049
55	1.5706	1.0112	127	1.5708	1.0048
56	1.5706	1.0110	130	1.5708	1.0047
57	1.5706	1.0108	135	1.5708	1.0046
58	1.5706	1.0106	140	1.5708	1.0044
59	1.5706	1.0104	146	1.5708	1.0042
60	1.5706	1.0103	150	1.5708	1.0041
61	1.5706	1.0101	齿条	1.5708	1.0000
62	1.5706	1.0100			

注:(1)对于螺旋齿轮和圆锥齿轮,本表也可使用,但要用假想齿数查表

(2)如果假想齿数带小数,就要采用比例插入法,把小数部分考虑进去。

(3)如果考虑到齿顶圆制造误差,要根据查表计算所得 $\bar{h}_a$ 减去修正值 Δh

参考文献

［1］上海市教育委员会教学研究室上海市职业技能鉴定中心.数控技术应用专业教学文件［M］.上海：华东师范大学出版社,2017.

［2］李培根.机械基础（中级）［M］.北京：机械工业出版社,2012.

［3］张培君.铣工生产实习［M］.北京：中国劳动出版社,1988.

［4］沈志雄,徐福林.金属切削原理与数控机床刀具［M］.上海：复旦大学出版社,2012.

［5］严敏德.金属切削加工技能（上册）［M］.北京：机械工业出版社,2009.

［6］张伟.金属切削加工技能（下册）［M］.北京：机械工业出版社,2009.